从零开始学
钩针

日本靓丽出版社◎编著　　何凝一◎译

河北科学技术出版社

CONTENTS

编织符号

编织线和钩针

● **编织线**
编织作品使用的线材质各异,形态、粗细程度也不一。
换用不同的线之后,即便是相同的作品,呈现的质感也完全不同。

编织线的种类

形态

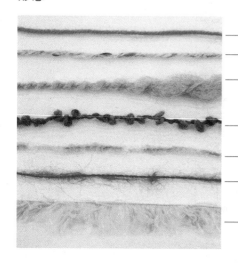

标准纱线
捻线方法和粗细程度衡定,织出的针脚漂亮工整。粗细、颜色丰富,适用于钩织纤细的花样和嵌入花样。

结粒纱线
用两种以上的线捻合而成,随处可见绒毛结粒,颜色鲜艳。

竹节纱线
比结粒稍微粗一些,长度如竹节的编织线,纤维束之间有一定间隔。粗细有明显差别,织出的织片富于变化。

圈圈纱线
编织线表面无规则地分布着圈圈结粒,针脚形状多变,织片如布料一般。

绒毛圈纱线
与圈圈纱线相比更细腻一些的编织线。

马海毛
用安哥拉羊毛制作而成的编织线,绒毛较长,质地轻柔。

花式纱线
绒毛长,能织出皮毛般的织片。

材质
编织线的材质包括羊毛、羊驼毛、腈纶、丝、尼龙、涤纶、马海毛、人造纤维、安哥拉羊毛、棉、麻等,还有用不同材质组合而成的混纺线。另外,最近有机羊毛、有机棉和无添加染料的原色编织线和用矿物、草本浸染,有益于环境和肌肤的新型编织线层出不穷。大家可根据季节和作品选择相应的材质。

粗细
如按种类来划分编织线的粗细将会非常复杂。右侧的介绍大体涵盖了编织线的几种类型,而实际上我们不太用这种方法标记。挑选编织线时,以编织线标签上的标示为准,并以此选择适合的针。编织线越细,针脚越密,钩织出的织片越薄;编织线越粗,针脚越松,织片也越厚。

| 中细 | 粗线 | 普通粗线 | 极粗 | 超级粗 |

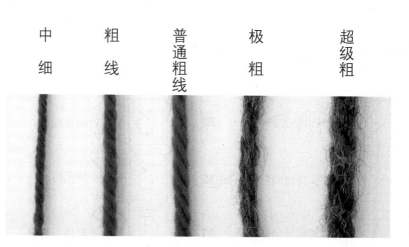

● 钩针　针尖呈弯钩状的编织针。分为竹质、轻金属等多种材质。

钩针的粗细用号数表示，从 2/0 号至 10/0 号（数字越大钩针越粗）。根据编织线的粗细，使用相应的钩针。
※ 比 10/0 号针还粗的针称为"超粗钩针"，下表所示的号数单位均为 mm（毫米）。

号数	针轴的粗细（mm）	钩针（实物大）	号数	针轴的粗细（mm）	钩针（12mm 之前均为实物大）
2/0	2.0		超粗 7mm	7.0	
3/0	2.3		超粗 8mm	8.0	
4/0	2.5		超粗 10mm	10.0	
5/0	3.0		超粗 12mm	12.0	
6/0	3.5				
7/0	4.0		超粗 15mm	15.0	
7.5/0	4.5				
8/0	5.0		超粗 20mm	20.0	
9/0	5.5				
10/0	6.0				

针轴的粗细度 = 表示这里的粗细程度

● 线与针的持法

1 编织线挂在左手上。用右手捏住线头，沿左手手背侧挂线，接着从小指和无名指之间穿过。

2 从中指和食指之间沿手背侧穿过，挂到食指上。

3 用大拇指和中指捏住线头。编织线挂到食指上，钩织时方便钩针来回转动调节。另外，如果线太松散，可以先在小拇指上缠一圈。

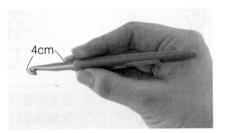

4 右手拿针。右手的大拇指和食指捏住距离针尖 4cm 的位置，中指轻轻搭在钩针上。若钩针上的编织线容易滑脱，可以用中指压住，如图所示。

5 左手捏住编织线，右手拿钩针，继续钩织。

编织符号的钩织方法

 锁针

箭头表示钩针转动的方向。

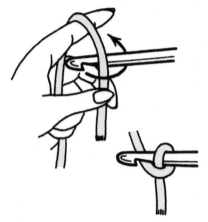

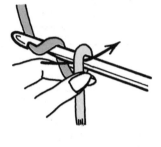

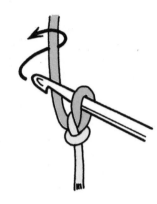

1 钩针置于编织线的外侧，按照箭头所示挑起线，转动针头。

2 用食指和大拇指压住交叉处的编织线，然后在针上挂线，按照箭头所示，引拔抽出线。

3 按照箭头所示在针上挂线。

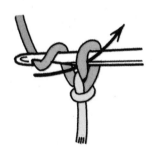

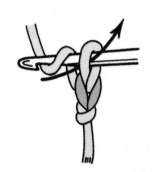

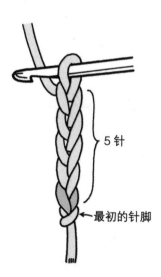

5针

最初的针脚

4 按照箭头所示引拔抽出线。第1针钩织完成。

5 按照步骤3、步骤4的要领在针上挂线，按照箭头所示引拔抽出。第2针钩织完成。

6 重复步骤3、步骤4，继续钩织。完成第4针后如图。

7 钩织完5针锁针后如图。最初的针脚和挂在针上的线圈不算做1针。

引拔针

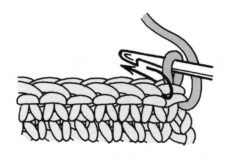

1 按照箭头所示插入钩针。

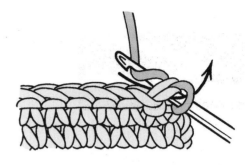

2 针上挂线，按照箭头所示一次性引拔抽出。

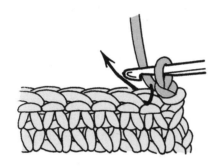

3 按照箭头所示插入针，参照步骤2的要领，挂线后一次性引拔抽出。

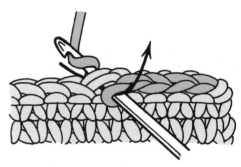

4 插入钩针，挂线后按照箭头所示一次性引拔抽出，如此重复。

在长针上方钩织时

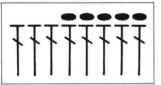

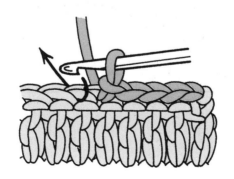

按照箭头所示插入钩针，参照在短针上方钩织时的要领钩织。

短针

1 跳过1针锁针，按照箭头所示插入第2个针脚中，再沿箭头方向挂线。

2 挂线后按照箭头所示引拔抽出。

3 再在针上挂线，按照箭头所示从两个线圈中一次性引拔抽出。

4 钩织完成1针短针后如图，按照箭头所示插入针，按照步骤的顺序钩织。

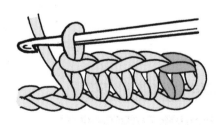

5 重复步骤1~3，继续钩织。通常来说，立起的锁针不记作1针。

棱针

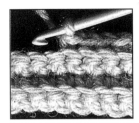

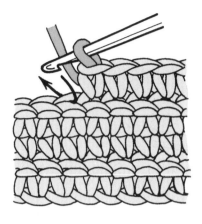

1 每行织片均进行正反面交替钩织。按照箭头所示将钩针插入上一行锁针外侧的 1 根线中。

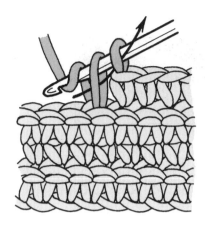

2 针上挂线后引拔抽出，然后再次挂线，按照箭头所示从两个线圈中引拔抽出，织入短针。织片呈棱纹凹凸状。

 # 条针

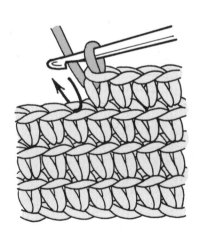

1 织片不用翻到反面，按照同一方向钩织。如箭头所示将钩针插入上一行锁针外侧的 1 根线中。

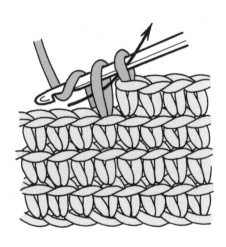

2 针上挂线引拔抽出，然后再次挂线，按照箭头所示从两个线圈中引拔抽出，织入短针。锁针内侧编织线呈条纹状。

拧扭的短针

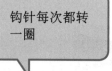
钩针每次都转一圈

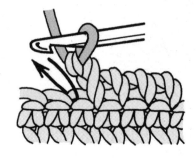

1 按照箭头所示插入钩针，引拔抽出线。

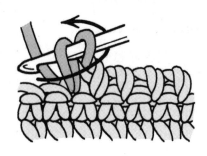

2 钩针如箭头所示转动，两个线圈呈拧扭状。

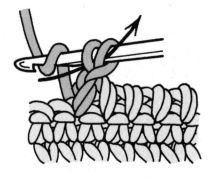

3 针上挂线，按照箭头所示，从两个线圈中一次性引拔抽出。

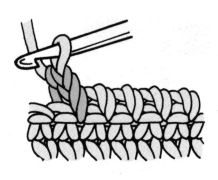

4 重复步骤1~3，继续钩织。

反短针

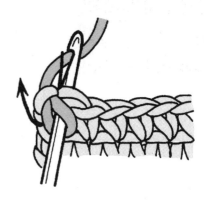

1 沿织片方向顺势放好，钩织终点处织入 1 针立起的锁针，然后按照箭头所示插入钩针。

2 钩针放到编织线上，引拔抽出线。

> 与通常的状况相反，从左向右钩织。

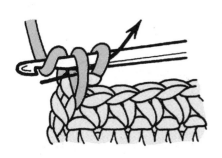

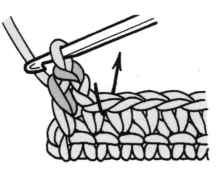

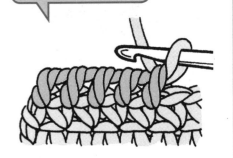

3 针上挂线，按照箭头所示从两个线圈中一次性引拔抽出。

4 钩织完成 1 针反短针后如图。按照箭头所示，插入钩针，重复步骤 2、步骤 3，继续钩织。

5 重复步骤 1~3，从左向右继续钩织。

T 中长针

1 针上挂线，跳过3针锁针，钩针插入第4个针脚中。

2 针上挂线，按照箭头所示，引拔抽出线。

一次性引拔穿过针上的线圈

3 针上挂线，按照箭头所示，从三个线圈中引拔抽出。

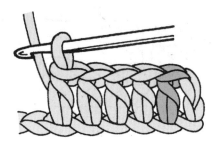

4 再次在针上挂线，重复步骤**2**、步骤**3**。立起的2针锁针算作1针中长针。

下 长针

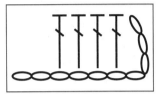

立起的 3 针锁针

基底的针脚

1 针上挂线，跳过 4 针锁针，钩针插入第 5 个针脚中。

2 针上挂线，按照箭头所示引拔抽出。

每次两个线圈，分成两次引拔穿出

3 再在针上挂线，按照箭头所示，引拔穿过两个线圈。

4 再次在针上挂线，按照箭头所示从两个线圈中一次性引拔穿出。

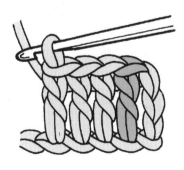

5 针上挂线，钩针插入下面的针脚中，重复步骤 **2~4**，继续钩织。立起的 3 针锁针算作 1 针长针。

长长针

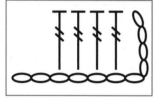

立起的4针锁针

基底的针脚

1 编织线在针上缠两圈，跳过5针锁针后，将钩针插入第6个针脚中，接着挂线，引拔抽出。

2 针上挂线，按照箭头所示，先引拔穿过两个线圈。

3 再次在针上挂线，按照箭头所示再引拔穿过两个线圈。

4 接着再在针上挂线，按照箭头所示从两个线圈中引拔抽出。

5 编织线在钩针上缠两圈，然后将钩针插入下面的针脚中，引拔抽出线，接着重复步骤2~4，继续钩织。立起的4针锁针算作1针长长针。

3 卷长针

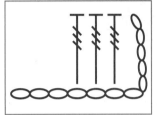

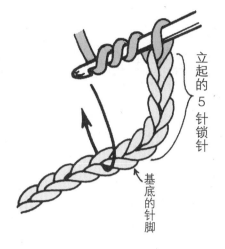

立起的 5 针锁针

基底的针脚

1 编织线在钩针上缠三圈，跳过 6 针锁针后将钩针插入第 7 个针脚中，针上挂线后引拔抽出。

2 再在针上挂线，按照箭头所示从两个线圈中引拔抽出。

3 接着在针上挂线，按照箭头所示从两个线圈中引拔抽出。

4 再次在针上挂线，按照箭头所示先从两个线圈中引拔抽出。

5 再次挂线，按照箭头所示，接着从两个线圈中引拔抽出。

6 编织线在针上缠三圈，然后将钩针插入下面的针脚中，抽出线，重复步骤 **2~5** 继续钩织。立起的 5 针锁针算作 1 针 3 卷长针。

≣ 4卷长针

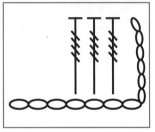

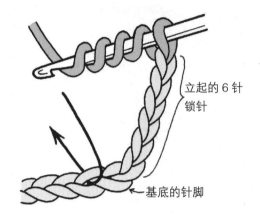

立起的6针
锁针

基底的针脚

1 编织线在钩针上缠四圈，跳过7针锁针，将钩针插入第8个针脚中，针上挂线，引拔抽出。

2 针上挂线，按照箭头所示先从两个线圈中引拔抽出。

3 针上挂线，按照箭头所示再引拔穿过两个线圈。然后再次在针上挂线，接着引拔穿过两个线圈。

4 再在针上挂线，按照箭头所示每次引拔穿过两个线圈，重复两次。

5 编织线在针上缠四圈，然后将钩针插入下面的针脚中，引拔抽出线。重复步骤**2~4**，继续钩织。立起的6针锁针算作1针立起的4卷长针。

中长针 3 针的枣形针

1 针上挂线，按照箭头所示将钩针插入锁针中，然后引拔抽出线。

2 按照步骤 1 的要领，再在同一针脚中重复引拔抽出两次线。

一次性引拔穿过针上所有的线圈

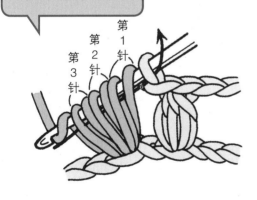

第 1 针
第 2 针
第 3 针

3 针上挂线，按照箭头所示，一次性引拔穿过所有的线圈。

4 完成中长针 3 针的枣形针。

长针3针的枣形针

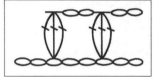

1 针上挂线，钩针插入锁针的针脚中，引拔抽出线。然后再次在针上挂线，按照箭头所示引拔抽出。

2 按照步骤1的要领，在同一锁针针脚中再织入2针未完成的长针。

什么是"未完成"？

所谓"未完成"，是指再引拔钩织一次后便可完成针脚（短针及长针）的状态。

3 针上挂线，按照箭头所示，一次性从未完成的3针长针和针上的所有线圈中引拔穿过。

4 完成长针3针的枣形针。

长长针 5 针的枣形针

1 编织线在针上缠两圈，钩针插入锁针中，织入未完成的长长针。

2 按照步骤 1 的要领，在同一锁针中再织入 4 针未完成的长长针。

一次性引拔穿过

3 在针上挂线，按照箭头所示一次性从未完成的长长针和针脚的所有线圈中引拔穿过。

4 完成长长针 5 针的枣形针。

变化的枣形针（中长针）

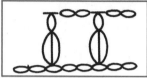

第1针
第2针
第3针

1 按照中长针3针枣形针（P.17）的要领，在同一锁针中织入3针未完成的中长针，针上挂线后按照箭头所示先引拔织入中长针。

2 针上挂线，按照箭头所示一次引拔穿过两个线圈。

变化的枣形针（长针）

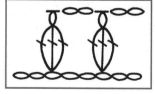

1 按照长针3针枣形针(P.18)的要领，在同一锁针中织入3针未完成的长针，然后在针上挂线，按照箭头所示先织入长针。

2 针上挂线，按照箭头所示引拔穿过两个线圈。

3 完成中长针 3 针的变化枣形针。

蓬松枣形针

拉大线圈

1 拉大针上的线圈，再在钩针上挂线，接着按照箭头所示插入钩针，按照中长针 3 针枣形针（P.17）的要领引拔抽出三次线。

如同将枣形针横置

2 针上挂线，按照箭头所示一次性引拔穿过所有线圈。完成蓬松枣形针。

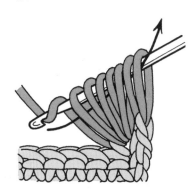

3 完成长针 3 针的变化枣形针。

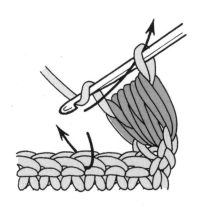

3 再次在针上挂线，引拔抽出后织入 1 针锁针，然后在上一行的第 3 个针脚中插入钩针，钩织短针。

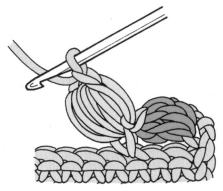

4 重复步骤 1~3，继续钩织。

中长针 5 针的爆米花针

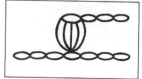

暂时取出钩针

1 在同一锁针中织入 5 针中长针。

2 从最后的针脚中抽出钩针，然后插入最初中长针的头针中，按照箭头所示再将钩针插入之前的线圈中。

3 之后按照箭头所示引拔抽出。

4 针上挂线，按照箭头所示引拔抽出，钩织锁针。

5 拉紧步骤 **3** 中引拔抽出的锁针。完成中长针 5 针的爆米花针。

长针 5 针的爆米花针

1 在同一锁针中织入 5 针长针，从最后的针脚中抽出钩针。然后插入最初长针的头针中，按照箭头所示再将钩针插入之前的线圈中。

2 之后按照箭头所示引拔抽出。

3 针上挂线，按照箭头所示引拔抽出，钩织锁针。

4 拉紧步骤 **2** 中引拔抽出的锁针。完成长针 5 针的爆米花针。

长长针 6 针的爆米花针

1 在同一针脚中织入 6 针长长针，从最后的针脚中抽出钩针。

2 钩针插入最初长长针的头针中，按照箭头所示再将钩针插入之前的线圈中，引拔抽出。

3 针上挂线，按照箭头所示引拔抽出，钩织锁针。

4 拉紧步骤 2 中引拔抽出的锁针。完成长长针 6 针的爆米花针。

中长针 1 针交叉

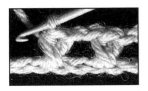

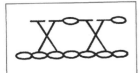

1 针上挂线，按照箭头所示将钩针插入交叉处左侧的锁针中，再在针上挂线，引拔抽出。

2 接着在针上挂线，按照箭头所示一次性引拔穿过所有的针脚，钩织中长针。

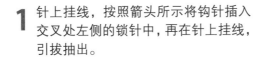

3 针上挂线，按照箭头所示将钩针插入右侧的针脚中，包住左侧的中长针，之后引拔抽出。

4 再在针上挂线，按照箭头所示，一次性引拔穿过所有的针脚，钩织中长针。中长针 1 针交叉完成。

长针 1 针交叉

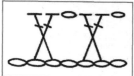

1 针上挂线，按照箭头所示将钩针插入交叉处左侧的锁针中，然后再在针上挂线，引拔抽出。

2 接着在针上挂线，引拔穿过两个线圈，然后再在针上挂线，按照箭头所示引拔抽出，织入长针。

往回移一针，钩针插入钩织好的针脚中

3 针上挂线，按照箭头所示，将钩针插入之前步骤 1 的右侧针脚中，挂线后包住长针，引拔抽出。

4 再次在针上挂线，按照箭头所示引拔穿过两个线圈。

5 最后在针上挂线，按照箭头所示引拔钩织，织入长针。长针 1 针交叉完成。

长长针 1 针交叉

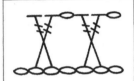

1 编织线在针上缠两圈，按照箭头所示钩针插入交叉处左侧的锁针中，挂线后引拔抽出。

2 针上挂线，逐一引拔穿过两个线圈，织入长长针。

锁针 1 针

3 编织线在针上缠两圈，按照箭头所示，钩针插入步骤 1 右侧的针脚中，挂线后包住长长针，引拔抽出。

4 针上挂线，按照箭头所示，逐一引拔穿过两个线圈，织入长长针。

5 长长针 1 针交叉完成。并列的长长针高度要保持一致。

长针 1 针的左上交叉

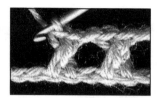

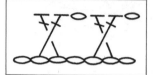

1 先钩织交叉部分位于上侧的长针，针上挂线后按照箭头所示将钩针插入右侧的锁针中，从长针的后面抽出线。

从钩织好的针脚后侧引拔抽出线

2 针上挂线，按照箭头所示引拔穿过两个线圈。

3 然后再次在针上挂线，按照箭头所示引拔钩织，之后在先钩织好的长针后面织入长针。

4 长针 1 针的左上交叉完成。两针长针的高度要保持一致。

 # 长针 1 针的右上交叉

1 先钩织交叉部分位于下侧的长针，针上挂线后按照箭头所示，将钩针插入右侧的锁针中，从长针的内侧引拔抽出线，再织入长针。

2 长针 1 针的右上交叉完成。两针长针的高度要保持一致。

长针 1 针左上·3 针交叉

 # 长针 1 针右上·3 针交叉

1 先钩织位于上侧的 1 针长针，然后再钩织下侧的 3 针长针，按照箭头所示，从上侧的 1 针后面引拔抽出线。

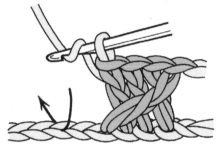

2 针上挂线，按照箭头所示插入钩针，织入 1 针长针。

上侧的针脚向右倾斜，稍微往左上方调整，如需向左倾斜则向右上方调整

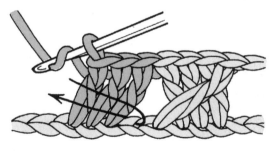

3 接着钩织 2 针长针。完成下侧的 3 针长针。针上挂线，按照箭头所示，将钩针插入最初长针右侧的锁针中，然后从 3 针长针的内侧引拔抽出编织线。

4 在 3 针长针的内侧织入 1 针长针。

短针 1 针分 2 针

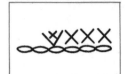

1 织入 1 针短针，然后按照箭头所示再在同一锁针中插入钩针，针上挂线后引拔抽出。

2 针上挂线后按照箭头所示引拔抽出，织入短针。

短针 1 针分 3 针

1 钩织 1 针短针，然后按照箭头所示再在同一锁针中插入钩针，织入短针。

2 按照箭头所示，再将钩针插入同一锁针中，织入短针。

中长针 1 针分 2 针

1 钩织 1 针中长针，针上挂线，钩针插入同一锁针中，再次挂线后引拔抽出。

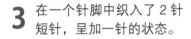

3 在一个针脚中织入了 2 针短针，呈加一针的状态。

> 都是加针时常用的技法

2 接着再次在针上挂线，按照箭头所示一次性引拔穿过所有线圈，织入中长针。

3 在一个针脚中织入了 3 针短针，呈加两针的状态。

3 在一个针脚中织入 2 针中长针，呈加一针的状态。

中长针 1 针分 3 针

1 织入 1 针中长针，针上挂线，按照箭头所示将钩针插入同一锁针中，织入中长针。

2 再次在同一锁针中插入钩针，织入中长针。

长针 1 针分 2 针

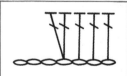

1 织入 1 针长针，在针上挂线，然后按照箭头所示将钩针插入同一锁针中，再次挂线，引拔抽出。

2 接着再在针上挂线，引拔穿过两个线圈，织入长针。

长针 1 针分 3 针

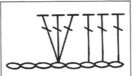

1 织入 1 针长针，在针上挂线，按照箭头所示，将钩针插入同一锁针中，织入长针。

2 再次将钩针插入同一锁针中，织入长针。

3 在一个针脚中织入了 3 针中长针，呈加两针的状态。

 都是加针时常用的技法

3 在一个针脚中织入了 2 针长针，呈加一针的状态。

3 在一个针脚中织入了 3 针长针，呈加两针的状态。

松针（长针5针）

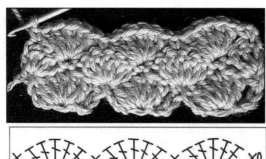

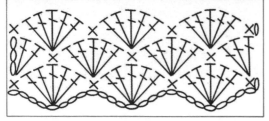

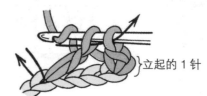

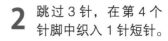

1 织入1针短针，然后将钩针插入第4个针脚中，钩织5针长针。

2 跳过3针，在第4个针脚中织入1针短针。

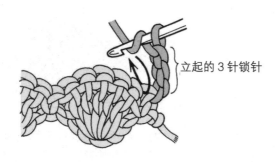

3 下面一行先钩织3针立起的锁针，然后按照箭头所示将钩针插入上一行的短针中，织入2针长针。

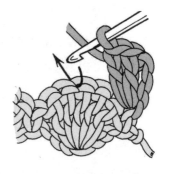

4 按照箭头所示，将钩针插入上一行5针长针处中间的针脚中，织入短针。

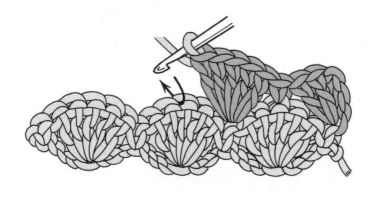

5 按照相同的要领，在上一行的短针中织入5针长针，再在中央的长针中钩织1针短针。

贝壳针

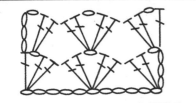

锁针 1 针

锁针

立起的 3 针

1 钩织 3 针立起的锁针，再织入 1 针锁针。针上挂线后按照箭头所示插入钩针，织入长针。

2 然后再在同一锁针织入 1 针长针。

3 针上挂线，跳过 4 针，在第 5 个针脚中插入钩针，织入 2 针长针，然后再钩织 1 针锁针。

锁针 1 针

4 按照箭头所示，钩针插入同一锁针中，织入 2 针长针。

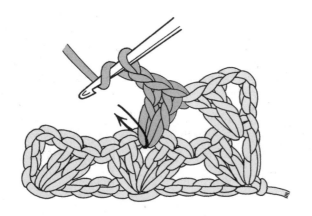

5 钩织下一行时，将上一行的针脚成束挑起钩织。接着重复钩织 2 针长针、1 针锁针、2 针长针。

短针 2 针并 1 针

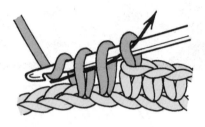

1 钩针插入锁针中，挂线后引拔抽出。下面的锁针也按同样的方法插入钩针，挂线后引拔抽出。

2 针上挂线，按照箭头所示一次性引拔穿过三个线圈。

> 减针时常用的技法

 # 短针 3 针并 1 针

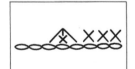

1 钩针插入锁针中，挂线后引拔抽出，按照箭头所示，将钩针插入下面的锁针中，挂线后引拔抽出。

2 再按箭头所示，将钩针插入下面的锁针中，引拔抽出。钩织未完成的短针。

3 完成短针 2 针并 1 针。两针变成一针，呈减一针的状态。

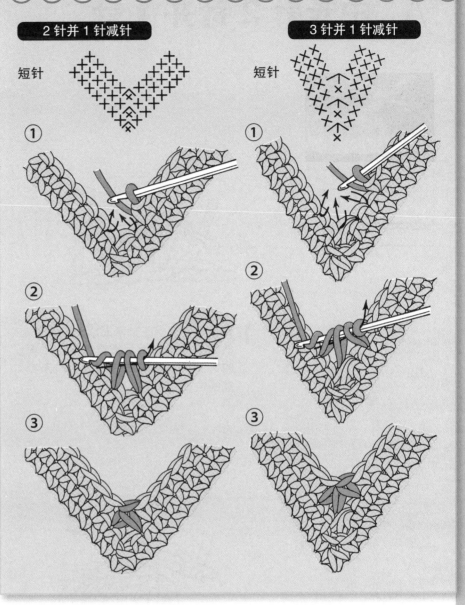

2 针并 1 针减针	3 针并 1 针减针
短针	短针

3 针上挂线，按照箭头所示，一次性引拔穿过四个线圈。

4 完成短针 3 针并 1 针。三针变成一针，呈减两针的状态。

人 中长针 2 针并 1 针

1 在锁针中钩织 1 针未完成的中长针，然后按照箭头所示将钩针插入下面的针脚中，用同样的方法织入未完成的中长针。

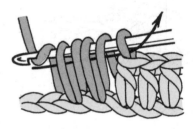

2 针上挂线，按照箭头所示一次性引拔穿过所有线圈。

钩织 1 针锁针

3 完成中长针 2 针并 1 针。两针变成一针，呈减一针的状态。如果无需减针，可以织入 1 针锁针，调节针数。

1 针锁针

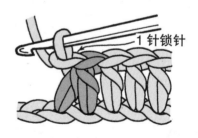

4 钩织 1 针锁针，调节针数后如图所示。

中长针 3 针并 1 针

1 在锁针中织入 1 针未完成的中长针，然后按照箭头所示将钩针插入下面的针脚中，用同样的方法织入未完成的中长针。

第 2 针　第 1 针

2 按照箭头所示将钩针插入下面的针脚中，用同样的方法织入未完成的中长针。共织入 3 针未完成的中长针。

一次性引拔穿过所有线圈，注意避免遗漏

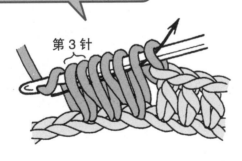

第 3 针

3 针上挂线，按照箭头所示一次性引拔穿过所有线圈。

4 完成中长针 3 针并 1 针。三针变成一针，呈减两针的状态。

长针 2 针并 1 针

1 在锁针中织入 1 针未完成的长针。然后按照箭头所示将钩针插入下面的针脚中,织入未完成的长针。

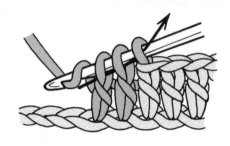

2 针上挂线,按照箭头所示一次性引拔穿过三个线圈。

什么是"未完成"?

所谓"未完成",是指再引拔钩织一次后就完成针脚(短针和长针等)的状态。

3 长针 2 针并 1 针完成。两针变成一针,呈减一针的状态。

长针 3 针并 1 针

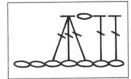

1 在锁针中织入 1 针未完成的长针。然后按照箭头所示将钩针插入下面的针脚中，织入未完成的长针。

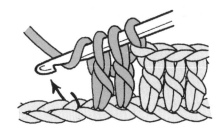

2 接着按照箭头所示将钩针插入下面的针脚中，织入未完成的长针。共织入 3 针未完成的长针。

3 针上挂线，按照箭头所示一次性引拔穿过四个线圈。

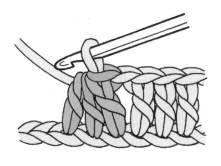

4 完成长针 3 针并 1 针。三针变成一针，呈减两针的状态。

长针4针并1针

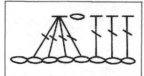

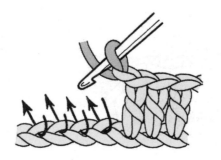

1 针上挂线，按照箭头所示插入钩针后分别钩织未完成的长针。

2 钩织完1针未完成的长针后如图。在箭头所示的针脚中分别织入未完成的长针。共织入4针未完成的长针。

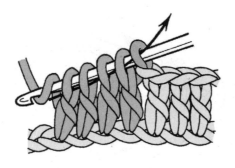

3 针上挂线后按照箭头所示一次性引拔穿过针上的五个线圈。

4 长针4针并1针完成。四针变成一针，呈减三针的状态。

 短针的正拉针

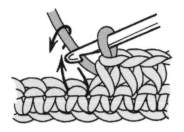

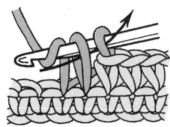

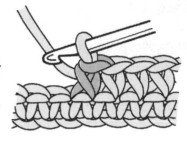

1 按照箭头所示沿短针的横向插入钩针，再按箭头所示在针上挂线后引拔抽出。

2 挂线后按照箭头所示引拔抽出，织入短针。

3 短针的正拉针完成。

 短针的反拉针

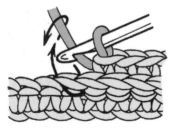

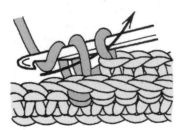

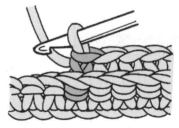

1 按照箭头所示，从短针的外侧横向插入钩针，再按箭头所示挂线后引拔抽出。

2 挂线后按照箭头所示引拔抽出，织入短针。

3 短针的反拉针完成。

中长针的正拉针

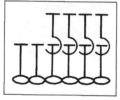

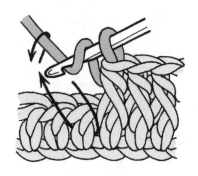

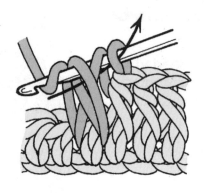

1 针上挂线，按照箭头所示，沿中长针的横向插入钩针，挂线后再引拔抽出。

2 针上挂线后按照箭头所示引拔抽出，织入中长针。

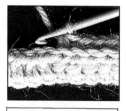

中长针的反拉针

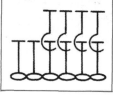

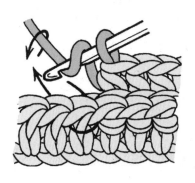

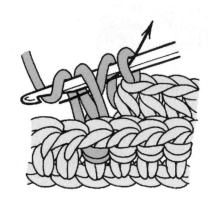

1 针上挂线，按照箭头所示，从中长针的外侧横向插入钩针，挂线后引拔抽出。

2 针上挂线后按照箭头所示，织入中长针。

3 中长针的正拉针完成。

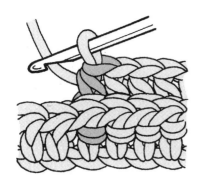

3 中长针的反拉针完成。

按符号图钩织拉针的技巧

编织符号图表示的是从织片正面看到的状态，通常情况下，如果看着织片的正面进行环形钩织，按符号图钩织即可。但如果是正、反面交替往复钩织，则需要看着反面，织入与符号图相反的针法（正拉针与反拉针相反）。

正拉针

看着反面钩织行间（➡所示行间），用反拉针钩织

符号图	正确的钩织状态 ◎	错误的钩织状态 ✕
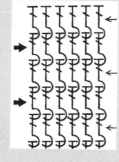		

← 所示行间用正拉针钩织，➡所示行间用反拉针钩织

每行均是用正拉针钩织后的错误织片

正、反拉针

正拉针、反拉针各交替钩织2针。

符号图	正确的钩织状态 ◎	错误的钩织状态 ✕

← 所示行间沿符号图钩织，➡所示行间正拉针处织入反拉针，反拉针处织入正拉针

每行均是按照记号图钩织后的错误织片

 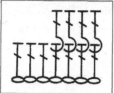

长针的正拉针

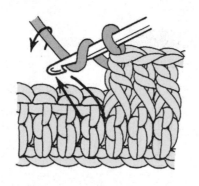

1 针上挂线，沿长针的横向插入钩针，再挂线，引拔抽出。

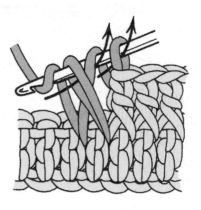

2 针上挂线，按照箭头所示，每次引拔穿过两个线圈，共两次，织入长针。

长针的反拉针

 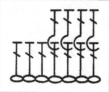

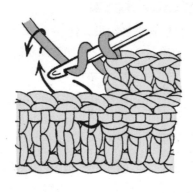

1 针上挂线，按照箭头所示，从长针的外侧横向插入钩针，针上挂线后引拔抽出。

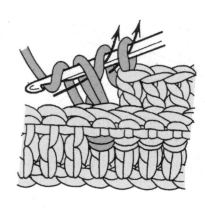

2 再在针上挂线，按照箭头所示每次引拔穿过两个线圈，共两次，织入长针。

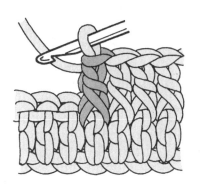

3 完成长针的正拉针。

从上两行针脚挑针时

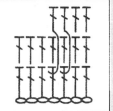

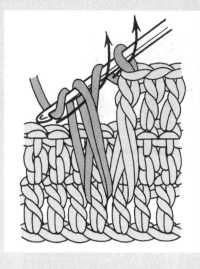

针上挂线，沿上两行长针的横向插入钩针，接着挂线，拉长抽出线圈。然后在针上挂线，按照箭头所示引拔穿过两个线圈，共两次，织入长针。

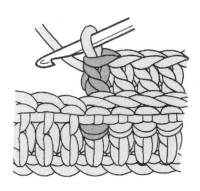

3 完成长针的反拉针。

从上两行针脚挑针时

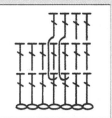

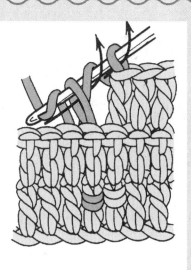

针上挂线，从上两行长针的外侧横向插入钩针，接着挂线，拉长抽出线。然后再在针上挂线，按照箭头所示引拔穿过两个线圈，共两次，织入长针。

长针十字针

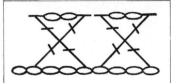

1 编织线在针上缠两圈，插入锁针中，挂线后引拔抽出。再次挂线，按照箭头所示引拔穿过两个线圈。

2 针上挂线，按照箭头所示插入第3个锁针针脚中，再次挂线后引拔抽出。

3 接着在针上挂线，按照箭头所示每次引拔穿过两个线圈，共四次。

4 钩织2针锁针，再在针上挂线，按照箭头所示插入钩针后接着挂线，引拔抽出。

5 按照箭头所示，每次引拔穿过针上的两个线圈，共两次，织入长针。

长长针十字针

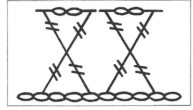

1 编织线在针上缠四圈，再插入锁针针脚中，挂线后引拔抽出。然后再次挂线，按照箭头所示，每次引拔穿过两个线圈，共两次。

2 编织线再在针上缠两圈，然后将钩针插入第3个锁针针脚中，引拔抽出。然后再次挂线，按照箭头所示每次引拔穿过两个线圈，共六次。

3 织入2针锁针，编织线在针上缠两圈，按照箭头所示插入钩织。

4 针上挂线，每次引拔穿过两个线圈，共四次。

5 交叉的长长针高度需保持一致。

Y 字针（长针）

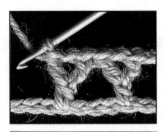

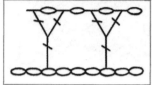

1 编织线在针上缠两圈，钩针插入第 4 针锁针中，织入长长针。

2 织入 1 针锁针，再在针上挂线，按照箭头所示插入钩针，挂线后引拔抽出。

3 针上挂线，按照箭头所示每次引拔穿过两个线圈，共两次，织入长针。

4 完成 Y 字针。Y 字针完成后，呈加针状态，因此需要跳过上一行的针脚，调整针数。

反 Y 字针（长针）

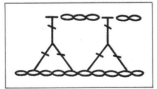

1 编织线在针上缠两圈，插入锁针中，引拔抽出线。然后挂线，引拔穿过针上的两个线圈。再次挂线，按照箭头所示插入针后接着挂线，引拔抽出。

2 挂线后按照箭头所示引拔穿过针上的两个线圈。

3 针上挂线，按照箭头所示引拔穿过针上的两个线圈。

4 接着在针上挂线，每次引拔穿过针上的两个线圈，共两次。

短针的环形针

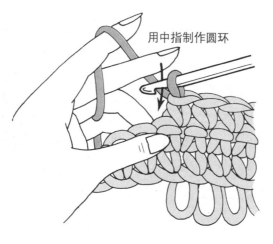

用中指制作圆环

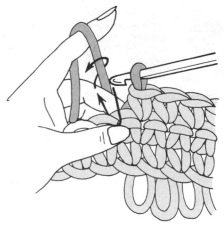

1 调整编织线的长度，用左手中指压住。

2 按照箭头所示，插入钩针，用手压住圆环，同时引拔抽出编织线。

> 步骤 3 结束之前一直需要用手指压住编织线

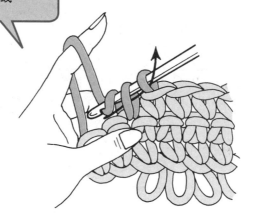

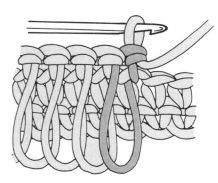

3 针上挂线，按照箭头所示引拔穿过两个线圈，织入短针。完成短针的环形针。环形线圈位于针脚外侧。

4 从反面看步骤 3 如图。环形线圈所在面为正面。

长针的环形针

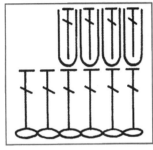

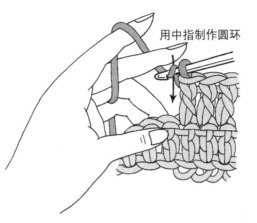

1 调整编织线的长度，用左手中指压住。

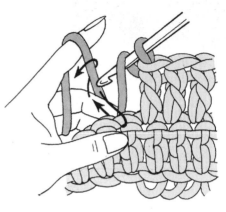

2 按照箭头所示，插入钩针，用手压住圆环，同时引拔抽出编织线。

注意圆环的长度要保持一致

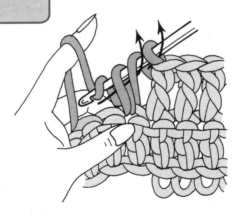

3 针上挂线，按照箭头所示引拔穿过两个线圈，共两次，织入长针。完成长针的环形针。环形线圈位于长针的外侧。

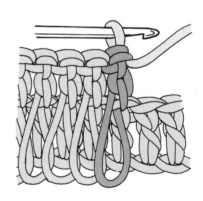

4 从反面看步骤 **3** 如图。环形线圈所在面为正面。

小链针（锁针3针）

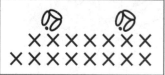

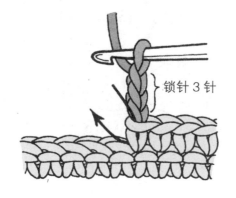

锁针3针

1 接着短针织入3针锁针，按照箭头所示插入钩针。

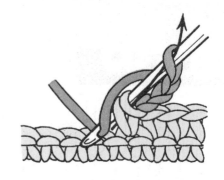

2 针上挂线，按照箭头所示一次性引拔穿过所有线圈。完成小链针。

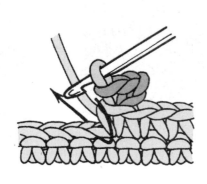

3 按照箭头所示，将钩针插入织有小链针的短针的左侧针脚中，再织入短针。

凸起的部分便称为"小链针"

4 参照钩织方法图，重复钩织短针和小链针。

变化的小链针（锁针 3 针）

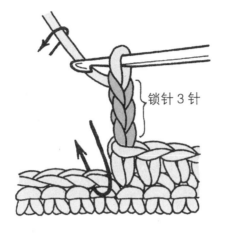

锁针 3 针

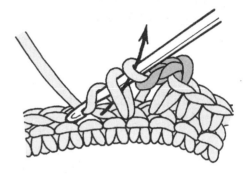

1 接着短针织入 3 针锁针，按照箭头所示，将钩针插入上一行的针脚中，挂线后引拔抽出。

2 针上挂线，按照箭头所示引拔抽出，织入短针

钩织出松弛的小链针

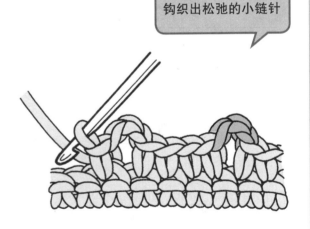

3 完成锁针 3 针的变化小链针。

4 参照钩织方法图，重复钩织短针和变化的小链针。

七宝针

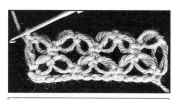

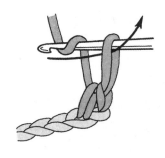

1 钩织 1 针立起针和 1 针短针，拉伸针上的所有线圈，挂线后再按照箭头所示引拔抽出，织入短针。

2 按照箭头所示将钩针插入锁针的里山中，挂线后引拔抽出。

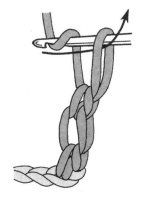

4 拉伸针上的线圈，使其与步骤 **1** 的针脚高度相同，再在针上挂线，按照箭头所示引拔抽出，织入锁针。

5 按照步骤 **2**、步骤 **3** 的相同要领，将钩针插入步骤 **4** 锁针的里山中，织入短针。接着跳过 3 针起针锁针，将钩针插入第 4 个针脚中，挂线后引拔抽出。

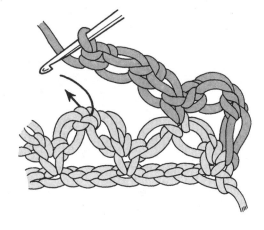

7 第 2 行的起点处，先拉伸针上的线圈，然后织入锁针。此为立起的针脚。按照步骤 **2~5** 的要领继续钩织，接着按照箭头所示，插入钩针后钩织短针。

8 在第 2 行的钩织终点处，从松弛的锁针中钩织短针，在未完成的状态下接着在钩针上挂线，然后将钩针插入上一行的短针中，引拔抽出线。再次挂线，按照箭头所示引拔钩织两次。

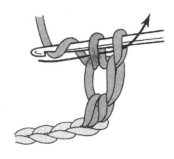

3 再次在针上挂线，引拔穿过两个线圈，织入短针。

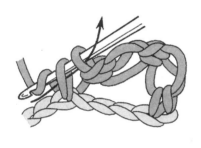

6 针上挂线，引拔穿过两个线圈，织入短针。接着拉伸钩针上的线圈，织入锁针。再重复步骤**2~6**，钩织第1行。

9 第2行的钩织终点处。重复第1~2行，继续钩织。

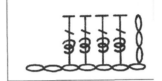

1 编织线在钩针上缠8圈，再按照箭头所示插入钩针，挂线后引拔抽出。

抽针时注意缠在针上的编织线，勿滑脱

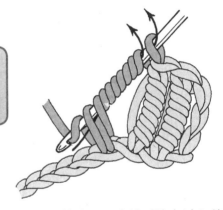

2 针上挂线，一次性引拔穿过之前的针脚和缠在钩针上的线圈，再次挂线后引拔穿过剩下两个线圈。

3 完成长针卷针。可根据编织线在钩针上所缠的圈数调节针脚的长度。

方格花样

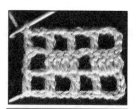

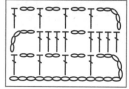

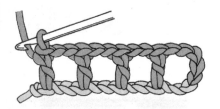

1 第1行先钩织3针立起的锁针，接着重复2针锁针、1针长针，继续钩织。

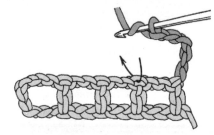

2 第2行先钩织3针立起的锁针，接着钩织2针锁针，针上挂线后将钩针插入上一行长针的头针中，再织入长针。

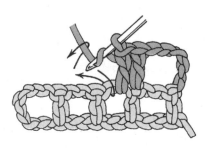

3 将上一行方格的锁针成束挑起，织入2针长针。

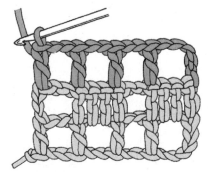

4 参照钩织方法图，重复织入长针和锁针。

 ## 网状花样（波浪形）

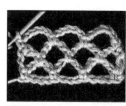

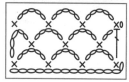

按照图示，无需拆开锁针的针脚，整体挑起后钩织即是"成束挑起"。

1 第1行先钩织1针立起的锁针、1针短针。然后织入5针锁针，按照箭头所示插入钩针后钩织短针。接着重复5针锁针和1针短针，继续钩织。

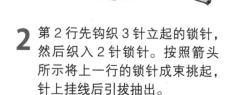

2 第2行先钩织3针立起的锁针，然后织入2针锁针。按照箭头所示将上一行的锁针成束挑起，针上挂线后引拔抽出。

3 针上挂线，按照箭头所示引拔抽出，织入短针。

4 重复钩织5针锁针和1针短针。钩织终点处的网状花样，先织入2针锁针、1针长针，形成半个网状花样。

标准织片

钩织之前必须要测量标准织片，才能钩织出正确的尺寸。

● 标准织片的计量方法

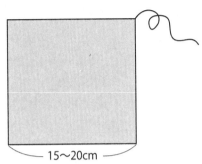

15~20cm

1 用实际使用的编织线和针钩织出织片，再进行测量。为了确保测量的数据准确，至少要钩织出边长 15cm 的正方形，最好是边长 20cm 的正方形。通常来说，钩织起点和顶端针脚的大小不一，所以要尽量大一些。

2 从织片中取出钩针，避免弄乱阵脚，可将熨斗悬空置于织片上方 3cm 处，蒸汽熨烫。

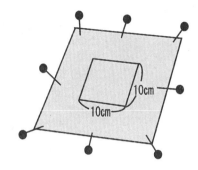

10cm
10cm

3 织片放到平稳的地方，测量中央部分边长 10cm 的正方形中所含的针数和行数。根据不同的测量位置，数量多少会有所差异，可在 2~3 个位置测量，取平均值。

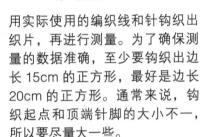

厚纸
中空
10cm
10cm

既可以使用市售的标准织片模具，也可以用厚纸制作边长 10cm 的正方形，方便使用。

● 与指定的标准织片不符时

重新计算后如能与自己的织片相符固然最好，但这并不是件简单容易的事。因此尽量与指定的织片规格近似。标准织片过松时（相比指定的标准织片，针数、行数较少），可将针换成细 1~2 号的钩针重新钩织。过紧时（相比指定的标准织片，针数、行数较多），可将针换成粗 1~2 号的钩针重新钩织，再测量。

注意

★ 针数符合但行数不符，或行数相符针数不符时，优先考虑针数相符。行数只需钩织出相应的长度，最后完成收针即可。

★ 通过变换 1~2 号钩针后仍无法调整时，可能是编织线不适合用于钩织此作品。建议选用与指定线相似的编织线。

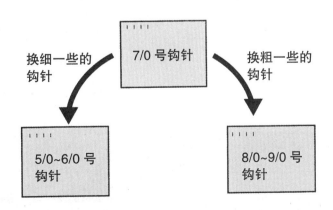

换细一些的钩针
7/0 号钩针
换粗一些的钩针
5/0~6/0 号钩针
8/0~9/0 号钩针

双面钩织和单面钩织

● 双面钩织

织片每行都需翻转的钩织方法，也称为"往复钩织"。分为一块平面状的织片和筒状的织片。箭头表示前进方向，表明每行朝向。

平面状的双面钩织

短针

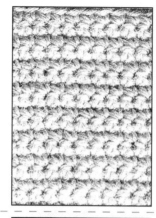

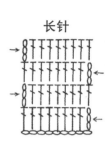

长针

筒状的双面钩织

短针

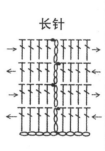

长针

● 单面钩织

无需翻转织片，每行都沿同一方向钩织的方法，称为"环形钩织"。包括平面状的织片，圆形、筒状的织片。钩织平面织片时每行都需剪断编织线。箭头表示钩织前进的方向，每行都朝同一方向钩织。

平面状的单面钩织

短针

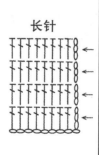

长针

圆形单面钩织

短针

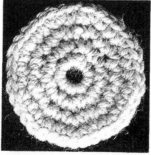

长针

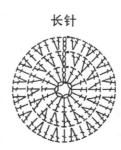

织片的正面与反面

织片分为正反面迥异和正反面完全相同两种。用记号图表示针脚时均为从正面看到的织片状态。第 1 行位于正面时，表示钩织方向的箭头指向左侧；第 1 行位于反面时，表示钩织方向的箭头指向右侧。

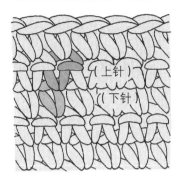

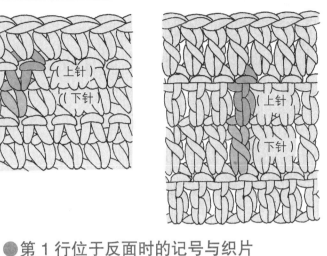

（上针）
（下针）

（上针）
（下针）

●第 1 行位于正面时的记号与织片

4 →
← 3
2 →
← 1

反面
正面
反面
正面

●第 1 行位于反面时的记号与织片

← 4
3 →
← 2
1 →

正面
反面
正面
反面

针数的数法

充分了解针脚的状态后才能准确地数出针数与行数。除短针中立起的锁针以外，其余的针脚都算做 1 针。另外，在钩织过程中，挂在钩针上的线圈不计入针数中。

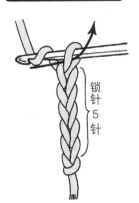

锁针 5 针

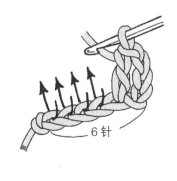

6 针

关于立起的针脚

● **在各式针脚和立起的针脚中织入必要数量的锁针**

所谓立起的锁针，是指在起点处钩织出与针脚高度相同的锁针针脚。下图表示各式针脚相对应的锁针针数。另外，通常情况下立起的锁针都算作行间的第 1 针，但是仅短针中的立起锁针，若无特殊说明，不记作 1 针。

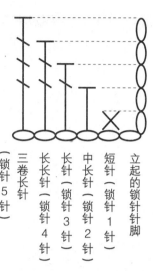

（锁针 5 针）
三卷长针

长长针（锁针 4 针）

长针（锁针 3 针）

中长针（锁针 2 针）

短针（锁针 1 针）

立起的锁针针脚

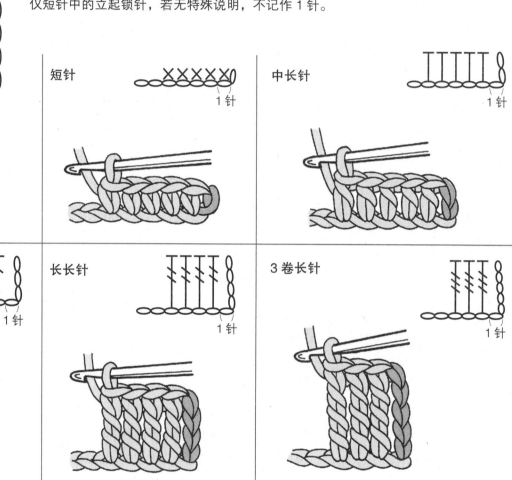

短针　　1 针

中长针　　1 针

长针　　1 针

长长针　　1 针

3 卷长针　　1 针

● **第 1 行与第 2 行的立起针脚**

往复钩织平面状针脚时

短针（5 针）

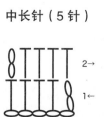

中长针（5 针）

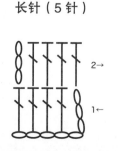

长针（5 针）

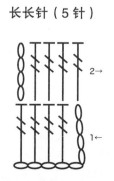

长长针（5 针）

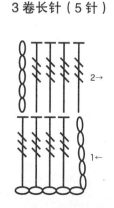

3 卷长针（5 针）

移动到下一行时翻转织片的方法

● **从顶端钩织**

基本上使用钩针时都是从右往左钩织，钩织至左端时翻转织片，看着织片的反面，再继续钩织下面一行。织片的翻转方法分为右端往里（内侧）转动，和往外（外侧）转动两种。往内转动后，立起的锁针正面（链状侧）朝向内侧；往外转动后，立起的锁针正面则朝向外侧。

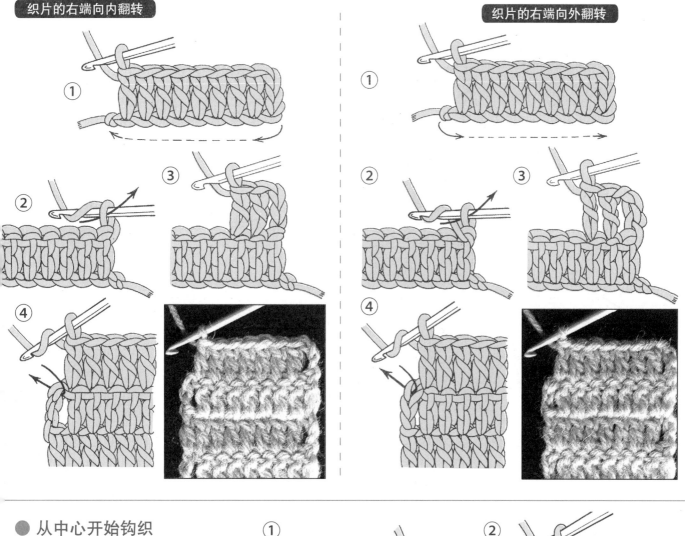

织片的右端向内翻转

① ② ③ ④

织片的右端向外翻转

① ② ③ ④

● **从中心开始钩织**

从第1行移动到下一行时，如果是沿中心开始钩织，终点处需要在此行起点处立起的锁针中织入引拔针固定，然后再继续钩织下面一行立起的锁针。

① 按照箭头所示插入钩针，挂线后引拔抽出，钩织立起的锁针。

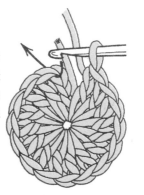

②

起针方法和第 1 行的挑针方法

钩织作品的第 1 行需要织入必要的锁针和线圈,称为起针。
下面我们介绍几种常用的起针方法。

● 钩织起点的起针方法

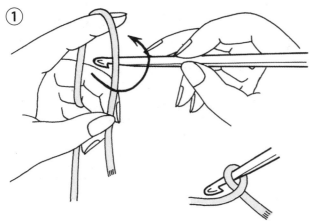

① 钩针置于编织线的外侧,按照箭头所示转动钩针,制作圆环。

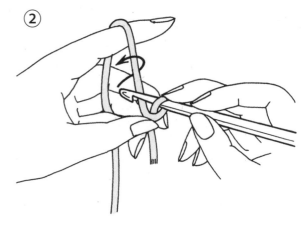

② 用大拇指和中指压住圆环底部,转动钩针后按照箭头所示挂线。

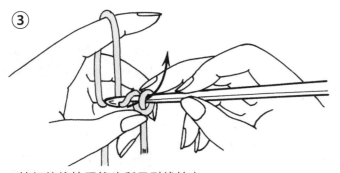

③ 挂好的线按照箭头所示引拔抽出。

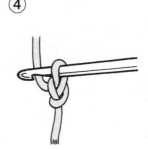

④ 拉动线头,收紧钩织起点的线圈。

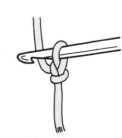

⑤ 针上挂线后开始钩织。

● 锁针的起针方法

按照上图步骤②~③的方法重复钩织锁针。沿记号图织入指定数量的锁针。起针过于紧密会影响到织片,需要特别注意一下。

锁针呈圆环状，进行筒状钩织时

钩织相应尺寸的锁针。注意锁针不要拧扭，按照①的方法，在钩织起点的锁针中引拔钩织形成圆环，然后沿记号图钩织第1行。

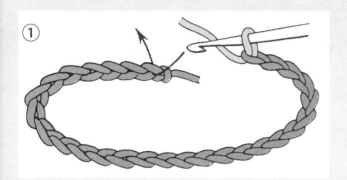

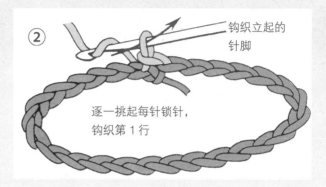

钩织立起的针脚

逐一挑起每针锁针，钩织第1行

● 从锁针的起针中挑第1行的方法

从锁针的起针中挑针，钩织第1行时，分为下面的A、B、C三种方法。结合每件作品的特征选择对应的方法。

A 将锁针外侧1根线挑起的方法

普通的挑针方法，挑线部分清晰明了，具有伸缩性。适合短针、长针之类无需跳过起针、整针挑起的织片。

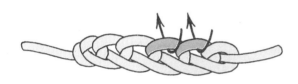

短针

长针

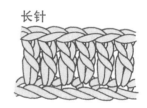

B 将锁针反面的线（里山）挑起的方法

如之后无需沿第1行的反方向进行花边挑针，可以选用此方法，起针的锁针整齐排列，顶端工整漂亮。

短针

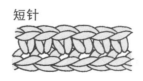

长针

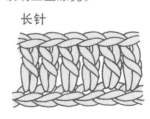

C 将锁针外侧的线和反面的线挑起的方法

花样钩织如松形花样和枣形针之类，需要在1针锁针中织入2针以上的针脚，或者如方格花样、网状花样、贝壳花样等需要跳过起针的锁针时，可以选用此方法。

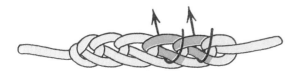

方格花样

网状花样

● 圆环起针和第 1 行的挑针方法 包括用锁针钩织圆环的方法 A 和用编织线制作圆环的方法 B 两种。

方法 A　参照记号图，用锁针钩织圆环，然后用此圆环当做起针，织入第 1 行。
步骤③、步骤④处，在第 1 行的针脚中织入相应的立起锁针数。

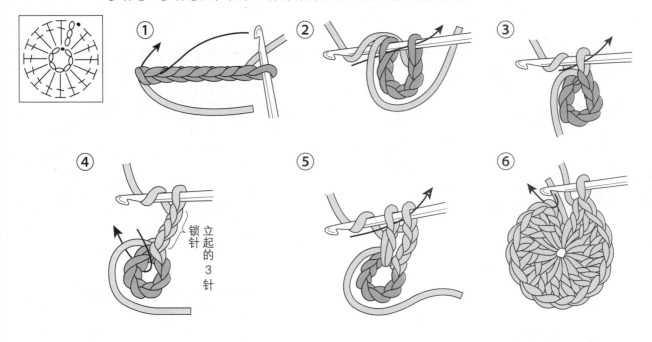

方法 B　用编织线制作圆环，把此圆环当做起针，织入第 1 行。
步骤③、步骤④处，在第 1 行的针脚中织入相应的立起锁针数。

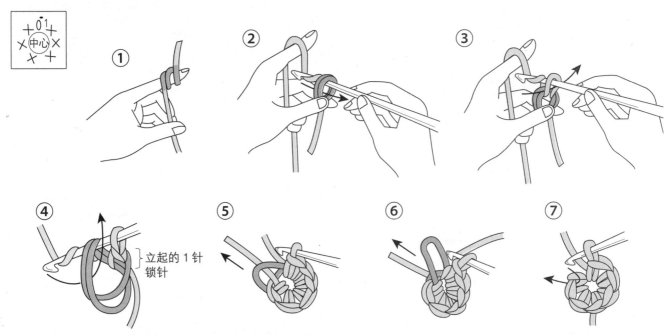

在圆环中织入必要的针数后，拉动
线头，收紧其中 1 个线圈。

再拉动线头，收紧另外
一个线圈。

按照箭头所示，将钩针插入
行间最初的短针头针中，引
拔抽出。

从上一行挑针的基本方法

从钩针钩织的第2行开始，如果没有特殊说明，都是将上一行的锁针针脚挑起，再继续钩织。但是锁针是指：从正面看时位于右侧的针脚，从反面看时位于左侧的针脚。在中长针、枣形针、爆米花针中挑针钩织时需特别注意。

● 从短针的反面挑针

双面钩织

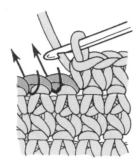

● 从短针的正面挑针

单面钩织

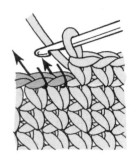

● 从中长针的反面挑针

双面钩织

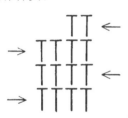

● 从中长针的正面挑针

单面钩织

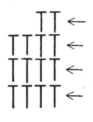

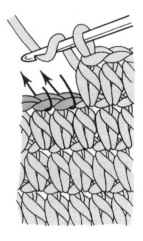

● 从长针的反面挑针

双面钩织

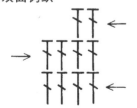

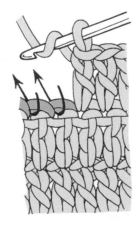

● 从长针的正面挑针

单面钩织

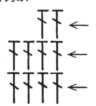

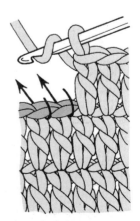

● 从中长针枣形针的反面挑针　　　　　● 从中长针枣形针的正面挑针

两面钩织　　　　　　　　　　　　　　　单面钩织

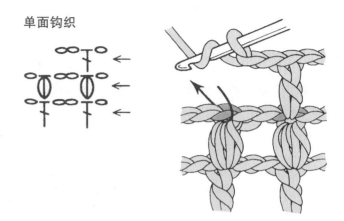

● 从中长针枣形针的反面挑针　　　　　● 从中长针枣形针的正面挑针

"锁针 3 针、枣形针、锁针 3 针网状花样的挑针方法"

双面钩织　　　　　　　　　　　　　　　单面钩织

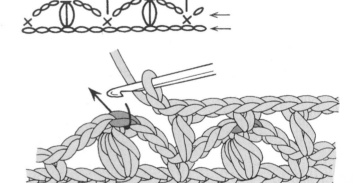

"锁针 4 针、枣形针、锁针 2 针网状花样的挑针方法"

双面钩织　　　　　　　　　　　　　　　单面钩织

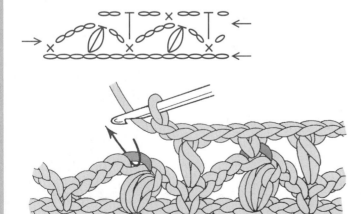

● 从长针枣形针的反面挑针

双面钩织

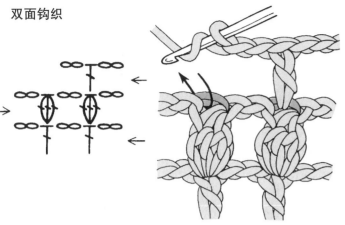

● 从长针枣形针的正面挑针

单面钩织

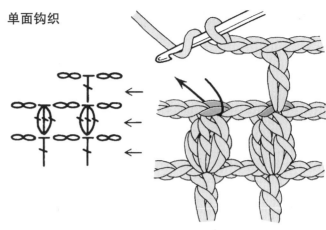

● 从长针枣形针的反面挑针

双面钩织

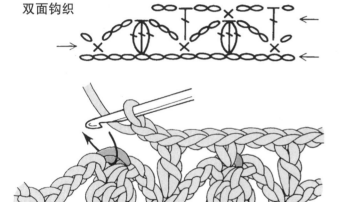

● 从长针枣形针的正面挑针

单面钩织

● 从爆米花针的反面挑针

双面钩织

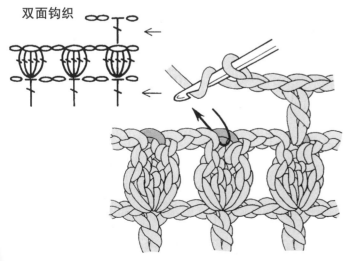

● 从爆米花针的正面挑针

单面钩织

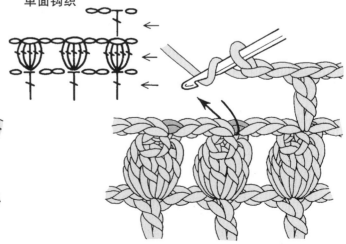

加针方法

加宽织片时用于增加针数的技法称为"加针"。
方法多样，根据相应的作品选用。

● **加 1 针的方法** 在 1 个针脚中织入 2 针

在右端（行间钩织起点处）加针

短针

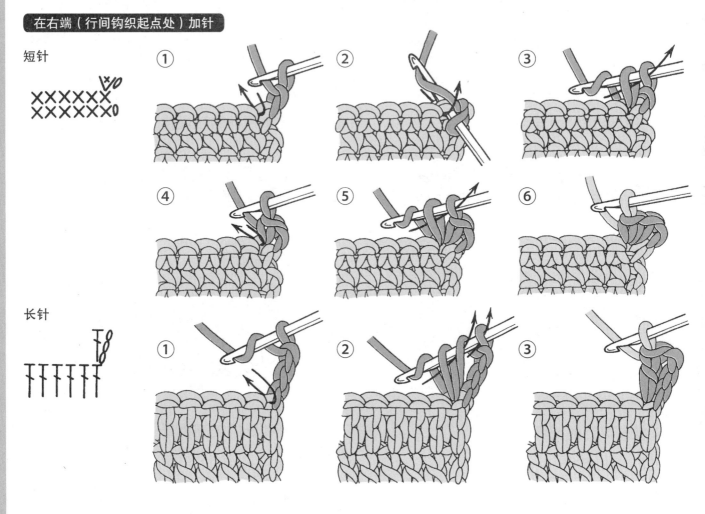

长针

在中间（针脚与针脚间）加针

短针

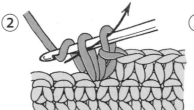
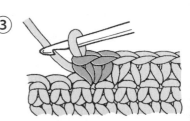

长针

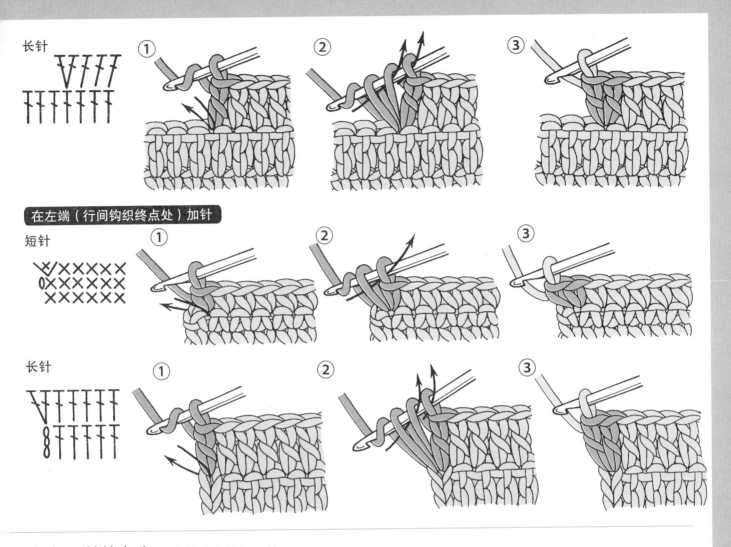

短针

长针

● 加 2 针的方法 1 个针脚中织入 3 针

在右端（行间钩织起点处）加针

短针

长针

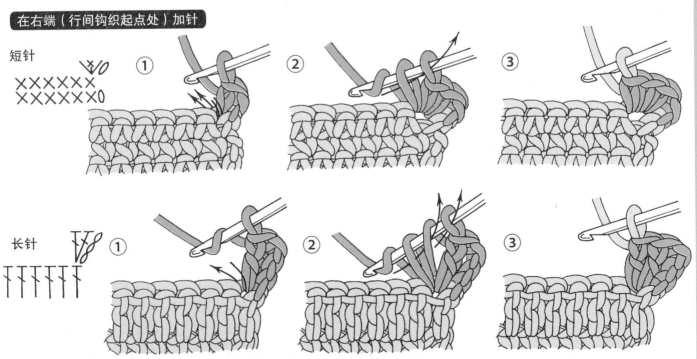

在中间（针脚与针脚间）加针

短针

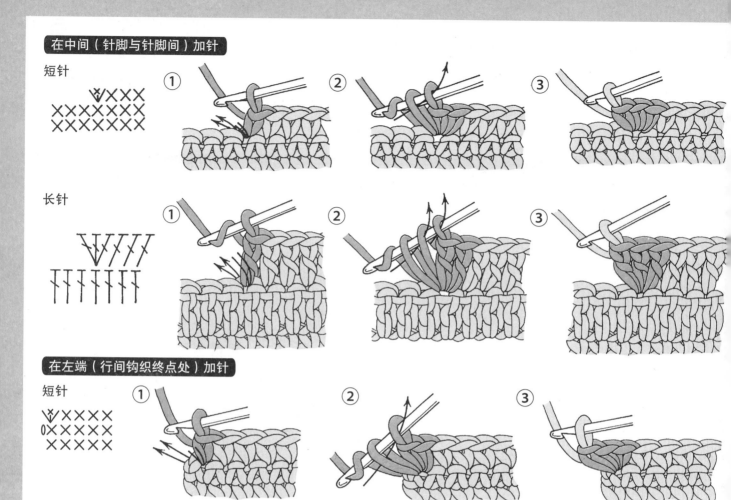

长针

在左端（行间钩织终点处）加针

短针

长针

● 3针以上的加针方法

在右端（行间钩织起点处）加针　钩织锁针

短针

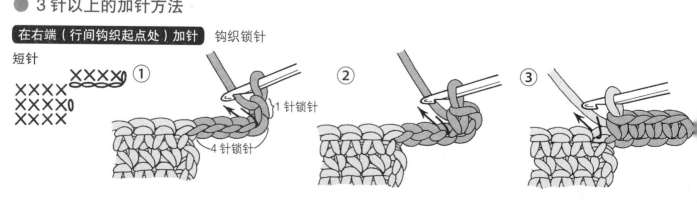

1针锁针

4针锁针

长针

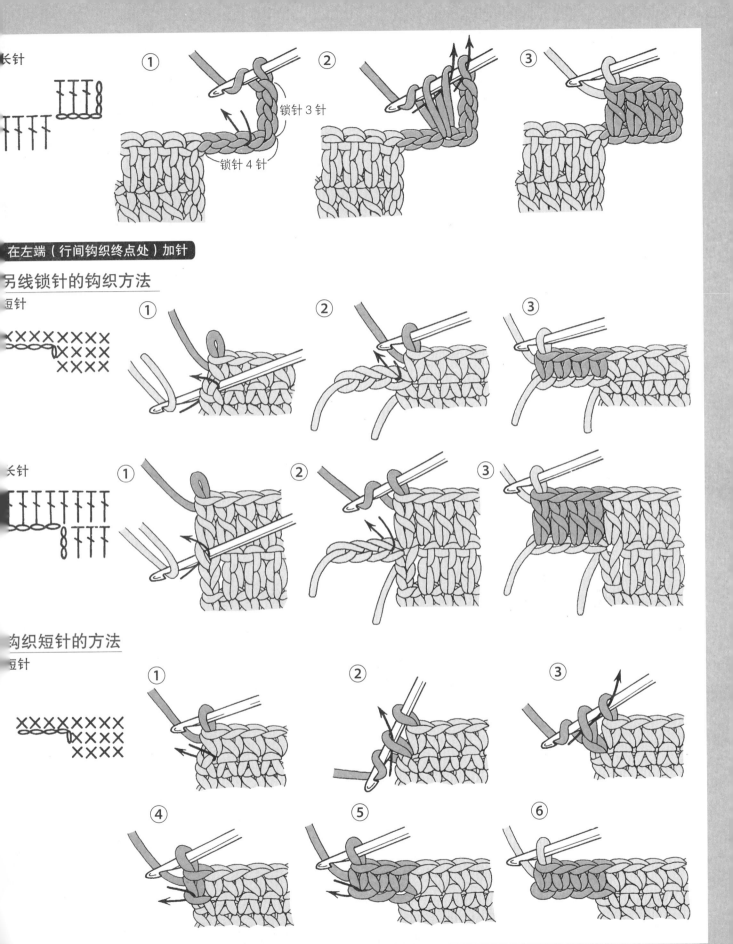

① 锁针3针
锁针4针

②

③

在左端（行间钩织终点处）加针

另线锁针的钩织方法

豆针

① ② ③

长针

① ② ③

钩织短针的方法

豆针

① ② ③

④ ⑤ ⑥

钩织长针的方法
长针

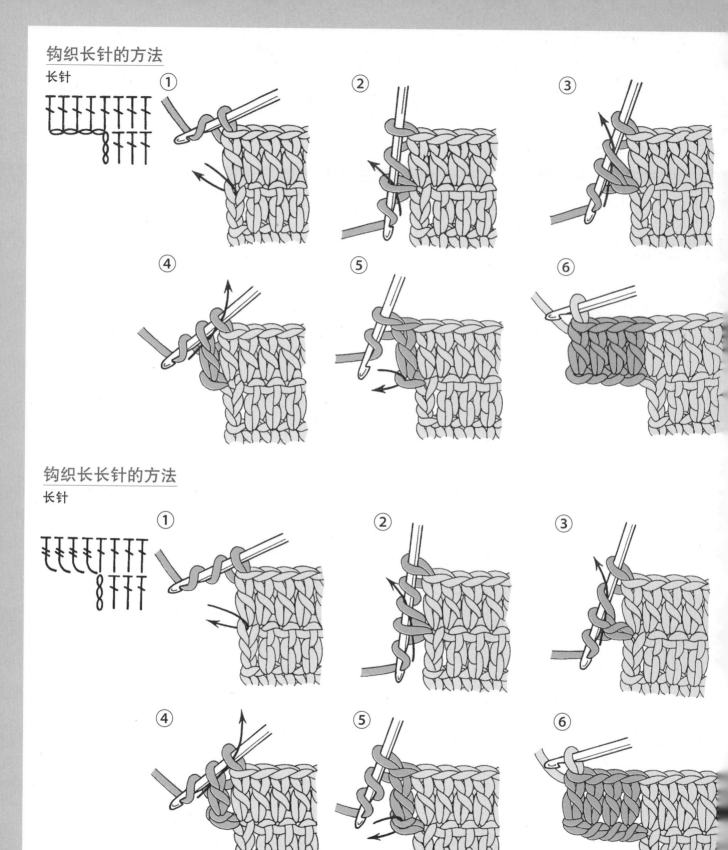

① ② ③

④ ⑤ ⑥

钩织长长针的方法
长针

① ② ③

④ ⑤ ⑥

减针方法

缩小织片时用于减针的技法称为"减针"。
方法多样，根据相应的作品选用。

● **减1针的方法** 2针并1针

在右端（行间钩织起点）减针

短针

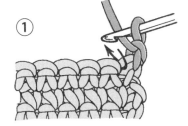
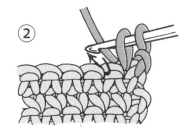
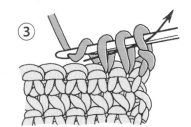

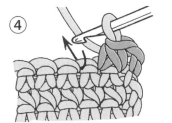
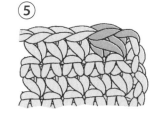

长针

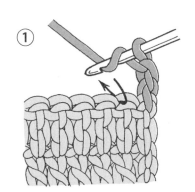
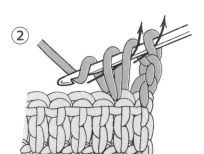
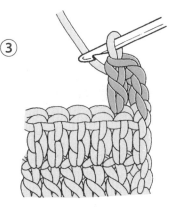

在中间（针脚与针脚间）减针

短针

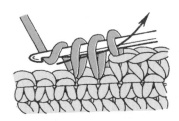
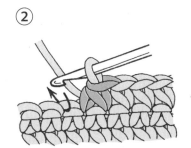

长针

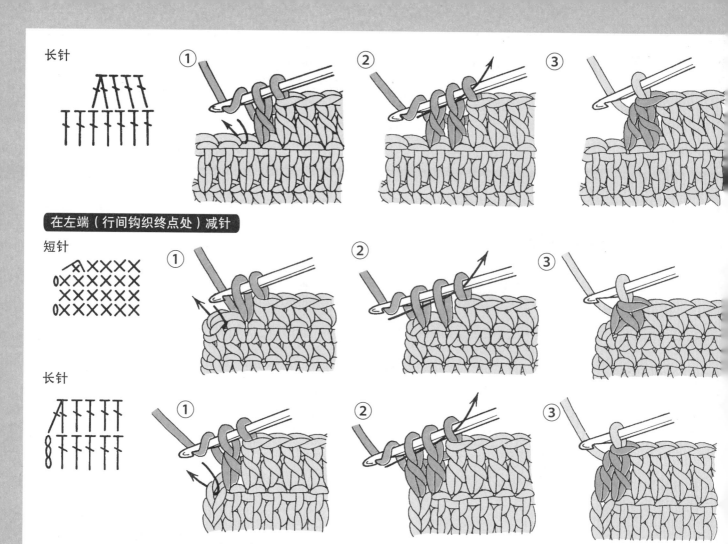

在左端（行间钩织终点处）减针

短针

长针

● 减 2 针的方法　　3 针并 1 针

在右端（在行间钩织起点处）减针

短针

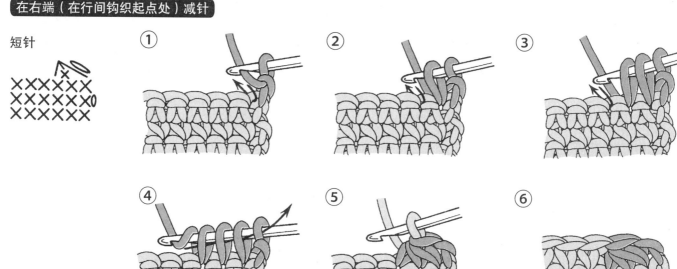

长针

① ② ③

在中间（针脚与针脚间）减针

短针

① ② ③

长针

① ② ③

在左端（行间钩织终点处）减针

短针

① ② ③

长针

① ② ③

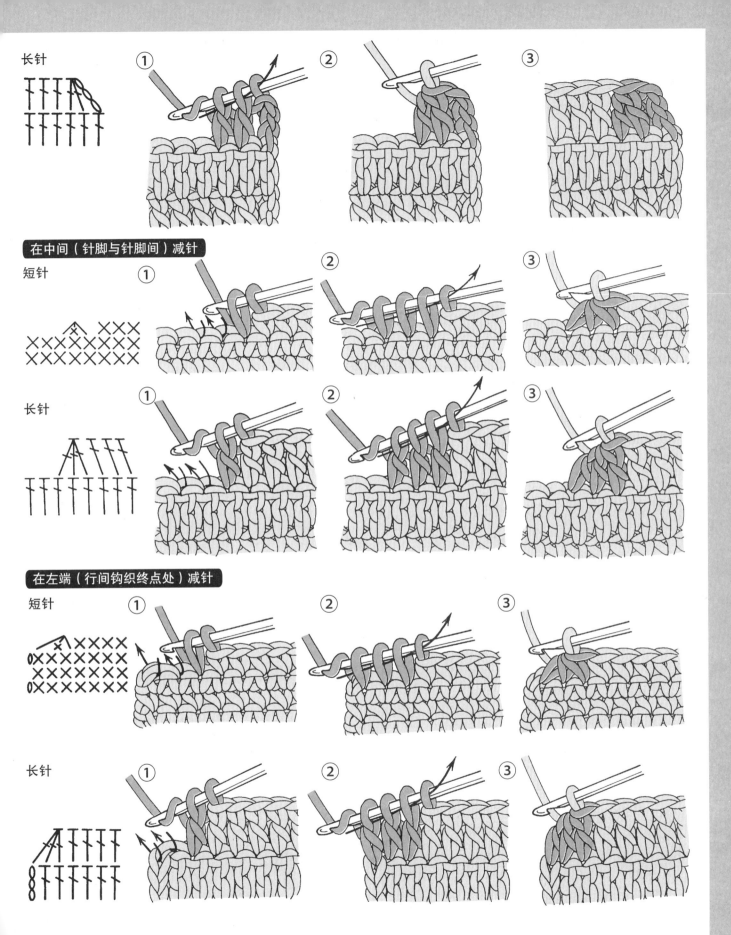

● 3 针以上的减针方法

渡线的方法

短针

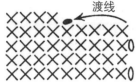

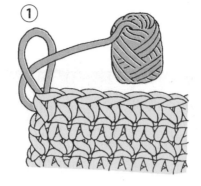

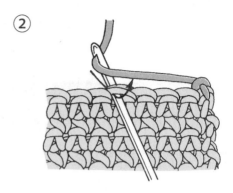

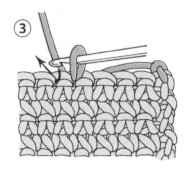

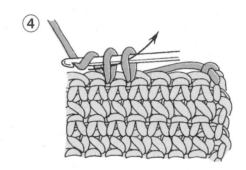

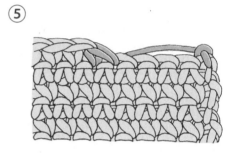

长针

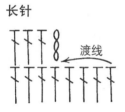

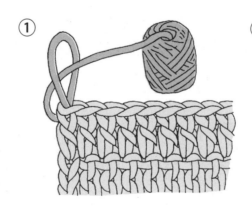

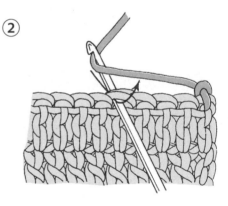

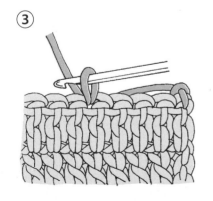

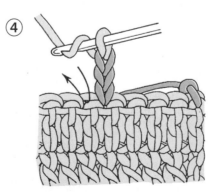

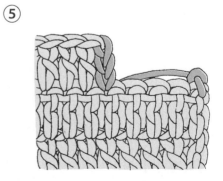

钩织引拔针的方法

短针

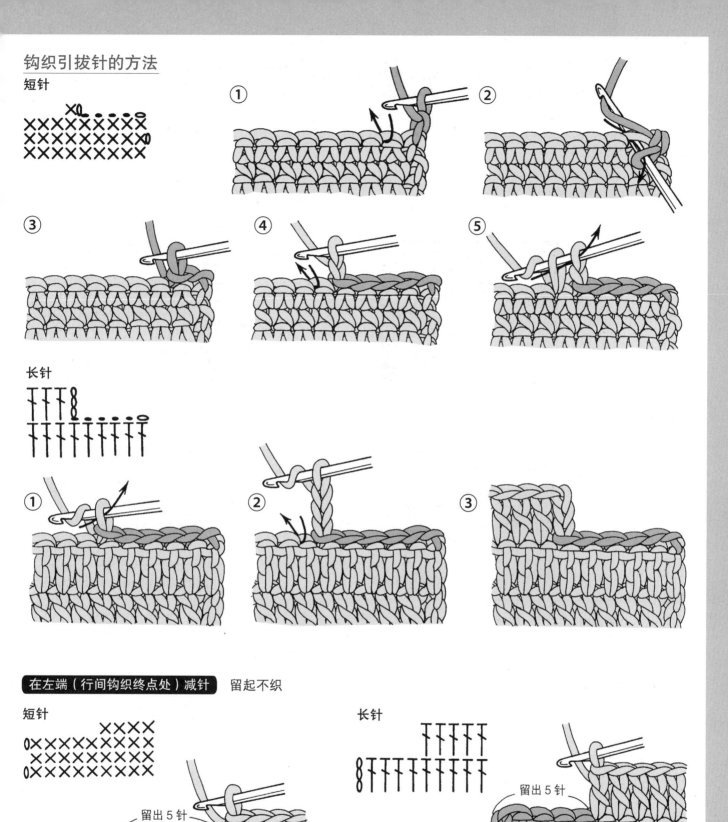

长针

在左端（行间钩织终点处）减针 留起不织

短针

长针

留出 5 针

留出 5 针

防止中长针倾斜的方法

中长针上侧的锁针部分会向后倾斜，因此在根据上一行的针脚进行钩织时，织片容易歪斜。于是适当地调整钩织方法，可以防止织片歪斜。

● 中长针、短针的记号与织片

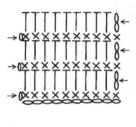
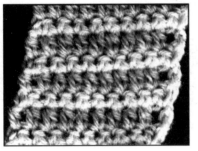

● 防止织片倾斜的中长针、短针记号与织片

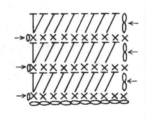

● 中长针单面钩织的记号与织片

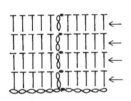

● 防止织片倾斜的中长针单面钩织的记号与织片

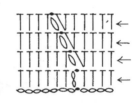

钩织终点处和线头的处理

● 钩织终点处的处理

钩织完最后的针脚后，留出 10cm 的编织线，剪断后按照步骤①的方法拉大最后的针脚，从线圈中穿过线头，收紧。

● 处理线头

线头穿入缝纫针中，将织片反面的编织线挑起，缝好。注意不要影响到正面的效果

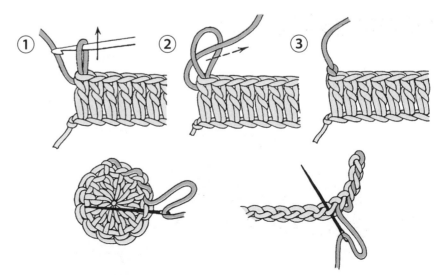

接线方法

钩织过程中，编织线不足时采用的接线方法。分为以下两种：无所谓结头的位置，在任何位置都可以打结的方法；在针脚中接线，将结头置于织片顶端的方法。但不论哪种方法都要将线头处理在织片的反面。

● 打结方法

平结
普通的打结方法。

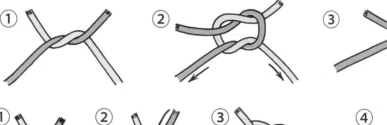

死结
结头紧密，难以解开的打结方法。

双重结
也称为单编结，结头相互拉紧收缩，无法解开，因此适合较为顺滑的编织线。

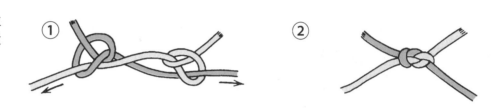

● 在针脚中接线的方法

短针
即将完成针脚时，换上新线。

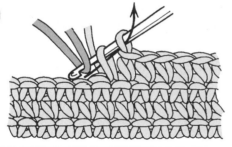

长针
即将完成针脚时，换上新线。

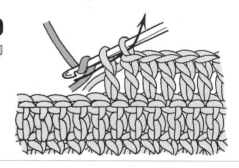

● 在织片顶端接线的方法

短针
即将完成行间最后的针脚时，按照箭头所示引拔钩织新线，织入立起的针脚。

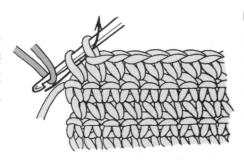

长针
即将完成行间最后的针脚中，按照箭头所示引拔钩织新线，织入立起的针脚。

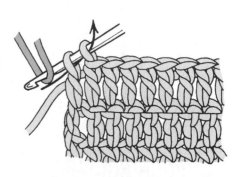

织片的订缝方法

织片的钩织终点处与钩织终点处，或者终点处与起点处，起点处与起点处，横向针脚与针脚相互拼接时，称为"订缝织片"。下面介绍几种常用的方法。

● **卷针订缝**　用缝纫针将针脚上的 1 根锁针线或者 2 根挑起。
　　　　　　　除长针以外，还可用于短针、中长针的钩织。

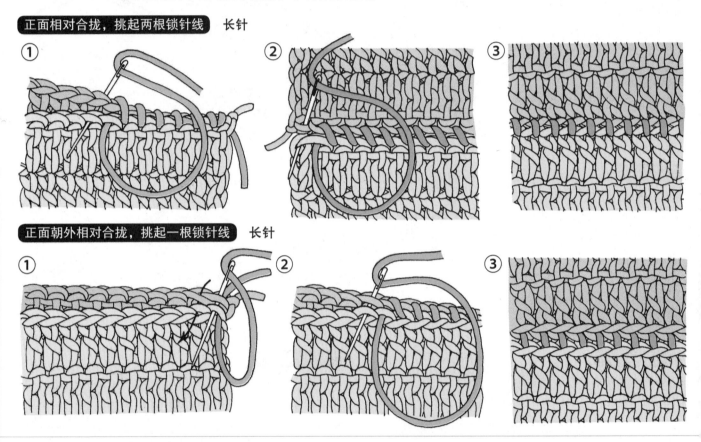

正面相对合拢，挑起两根锁针线　长针

① ② ③

正面朝外相对合拢，挑起一根锁针线　长针

① ② ③

● **挑针订缝**　用缝纫针将针脚头针的锁针下侧，或者头针的锁针分开后挑起。

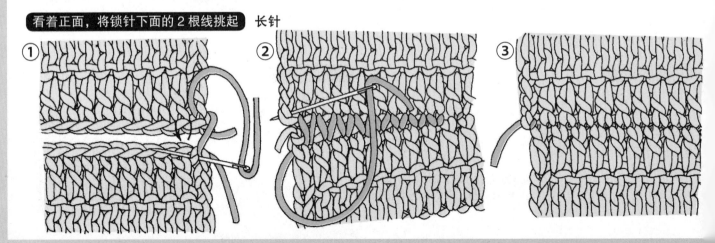

看着正面，将锁针下面的 2 根线挑起　长针

① ② ③

看着正面，其中一侧将锁针的针脚分开，挑起1根线，另一侧则是将锁针下面的2根线挑起 长针

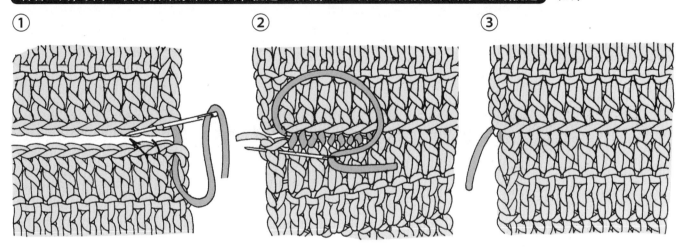

① ② ③

● コ字形订缝 织片相接后用缝纫针订缝，由内向外、由外向内将锁针线逐一挑起。除了长针之外，还可以用于短针、中长针中。

看着反面挑起 长针

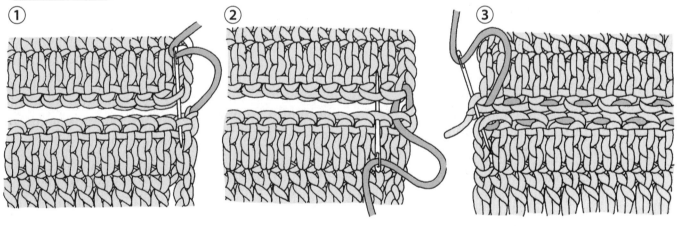

① ② ③

看着正面挑起 长针

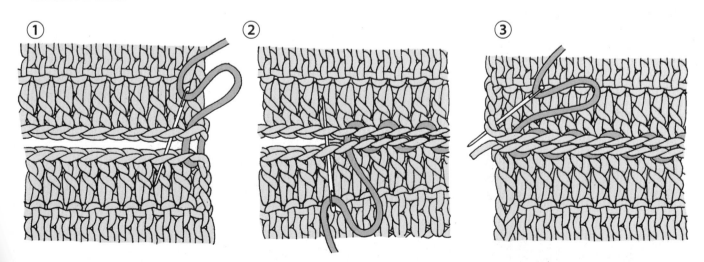

① ② ③

● 半针回针缝订缝

用缝纫针将针脚分开，插入其中，逐一进行半针回针缝。除短针以外，还可以用于长针中。

正面相对合拢缝合 短针

① ② ③

● 引拔针订缝

使用钩针，将针脚上方的锁针 1 根线或者是 2 根线挑起。除长针以外，还可以用于短针、中长针中。

正面相对合拢，将锁针的 2 根线挑起 长针

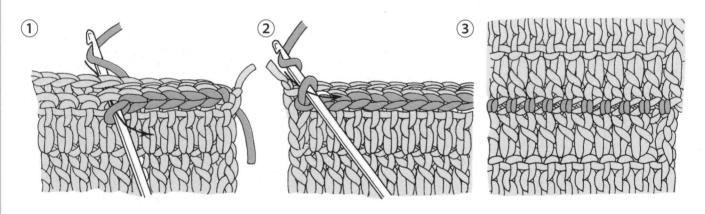

① ② ③

正面相对合拢，将锁针的 1 根线挑起 长针

① ② ③

● 短针订缝　使用钩针，将针脚上方的锁针 1 根线或者是 2 根线挑起，织入短针。
　　　　　　除长针以外，还可以用于短针、中长针中。

正面相对合拢，将锁针的 1 根线挑起 长针

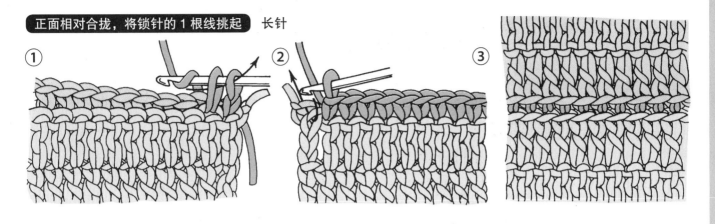

① ② ③

● 锁针和引拔针订缝　使用钩针，将锁针挑起，织入引拔针。在引拔针与引拔针之间织入锁针进行调节。
　　　　　　　　　　可用于镂空花样等。

正面相对合拢，将锁针成束挑起 网状花样

正面相对合拢，将锁针分开挑起 网状花样

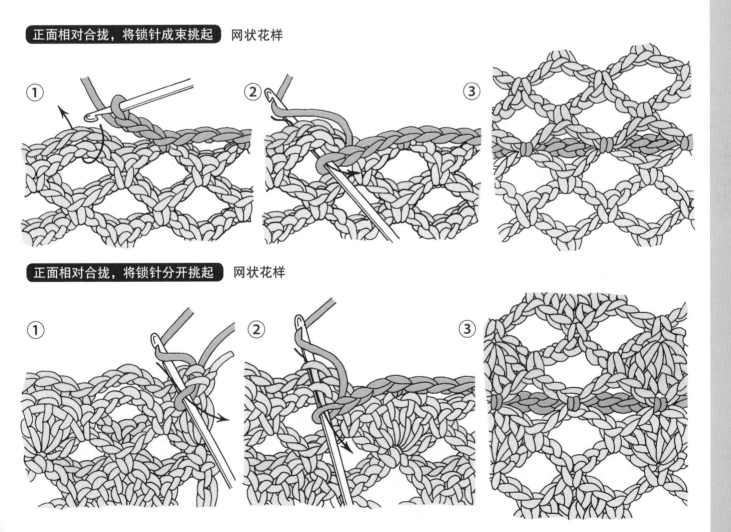

① ② ③

① ② ③

织片的接缝方法

将针脚纵向排列在织片的左右两侧，行间与行间拼接合拢后称为"接缝织片"。
下面我们向大家介绍一些常用的方法。

● **回针缝接缝**　　使用缝纫线，将顶端的针脚分开，在半针内侧进行回针缝。也可以用于中长针中。

正面相对合拢，逐行进行回针缝

短针
①

②

长针
①

②

● **ㄷ字形接缝**　　织片相对，用缝纫针由内向外、由外向内将编织线逐一挑起。除长针以外，也可以用于短针、中长针中。

看着反面挑针　长针

①

②

③

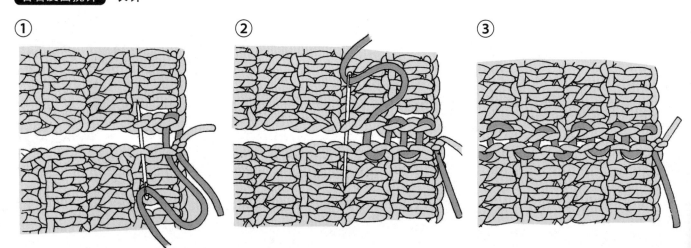

用缝纫针分别将行间与行间结头处和针脚的反面交替挑起，再在同一位置插入两次针，收紧。除长针、短针以外，也可以用于中长针中。

看着正面挑针 长针

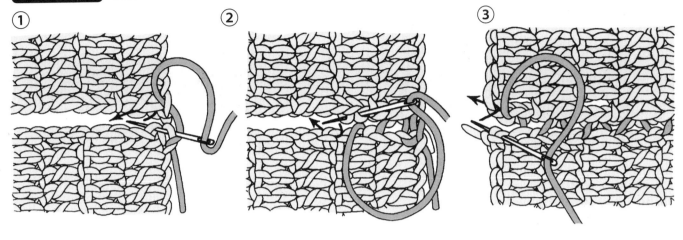

看着反面挑针 长针

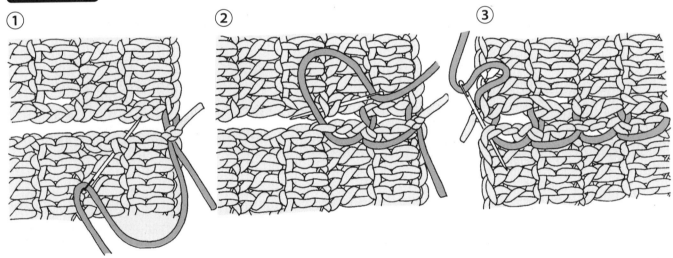

看着正面挑针 短针

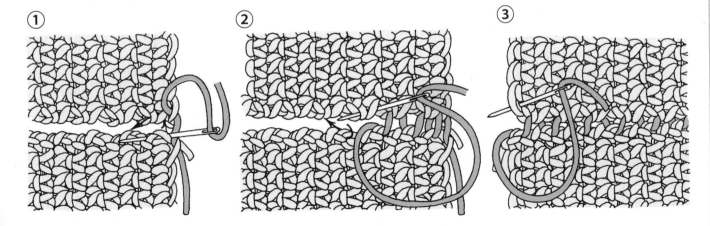

● **卷针打结接缝**   用缝纫针将两块织片行间交界处一起挑起,编织线在缝纫针上缠好,再收紧线的接缝方法。除长针以外,可用于中长针、短针中。

正面相对合拢后挑针   长针

①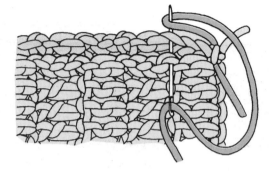

②

看着反面挑针   长针

①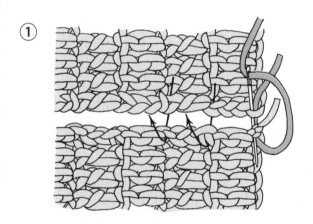

②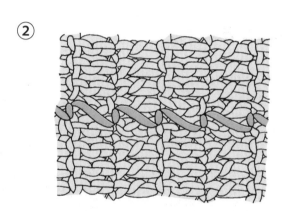

● **短针接缝**   用钩针将两块织片的内侧 1 针挑起,织入短针。缝好的短针用做装饰时,需要正面朝外相对合拢。除短针以外,还可以用于中长针、长针中。

正面相对合拢挑针   短针

①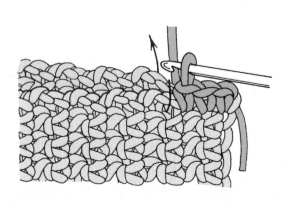

②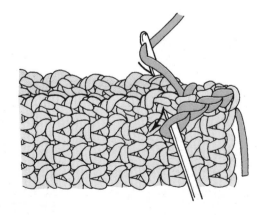

● **引拔针接缝**　使用钩针，将钩针插入织片的半针内侧或1针内中，然后两块一起织入引拔针。
除短针以外，还可以用于中长针、长针中。

正面相对合拢挑起　短针

①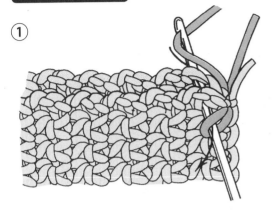

②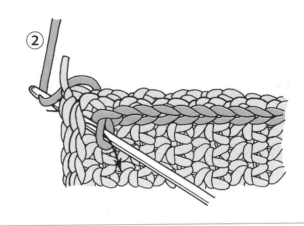

● **锁针与引拔针接缝**　用钩针将两块织片的行间交接处一起挑起，织入引拔针。然后在短针与短针间织入
锁针调节。可用于镂空花样中。

正面相对合拢钩织

长针

①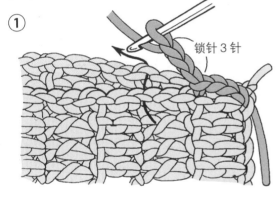

②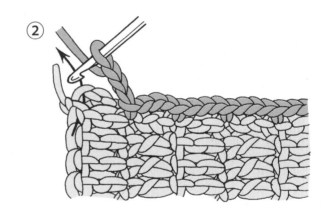

锁针3针

锁针3针

网状花样

①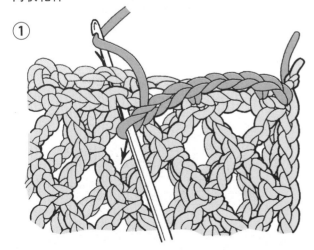

②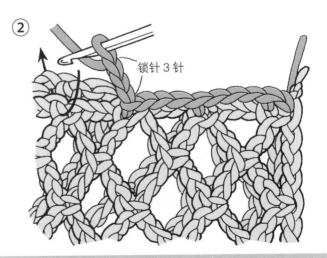

锁针3针

斜线织片的接缝方法

由于织片顶端进行加针或减针后，呈斜线状，需接缝此类织片时可参照下面的图例。
斜线因作品而异，可以用不同的接缝方法让作品更漂亮。

● 加针斜线的挑针接缝

`看着正面挑针` 短针

①
②

长针

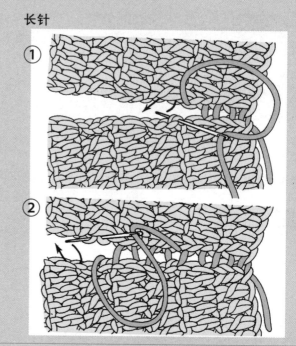

● 减针斜线的挑针接缝

`看着正面挑针` 短针

①
②

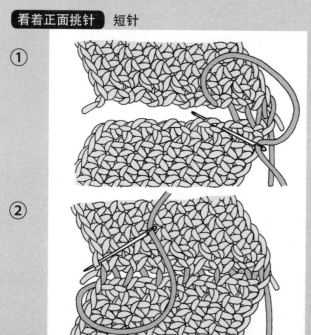

长针

①
②

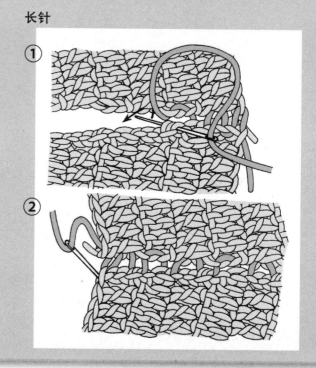

配色线的替换方法

即便是短针和长针这样的扁平型织片,也可以用丰富的配色钩织出缤纷的样式。用此换线方法可以钩织出漂亮的条纹,织片针脚工整紧密。

● 在织片顶端换线的方法

线头无需打结直接换线　之前钩织的编织线与新接入的编织线无需打结,用新线在终点处钩织完最后的线圈。之后再交叉线头,将其藏到织片中。

双面钩织(短针)

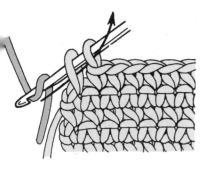

单面钩织(环形短针)

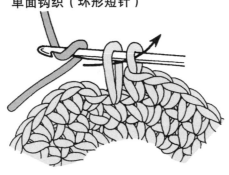

处理线头

双面钩织(短针)

双面钩织(长针)

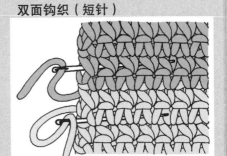

双面钩织(长针)

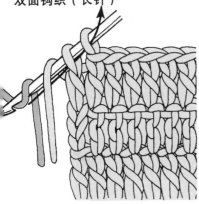

单面钩织(环形长针)

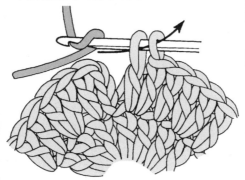

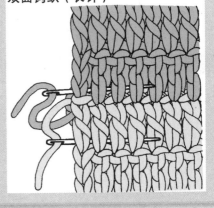

线头打结后换线　之前钩织的编织线和新接入的编织线打结后,用新线在终点处钩织完最后的线圈。之后将线头藏到织片中。

双面钩织(短针)

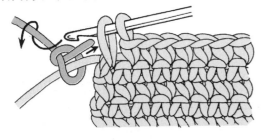

双面钩织(长针)

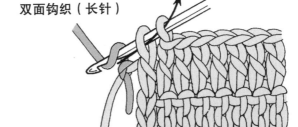

先渡线再换线 之前钩织的编织线不用剪断，暂时停下。用下面的编织线钩织完成最后的线圈。然后用刚停下来的线根据行间的高度渡线后继续钩织。

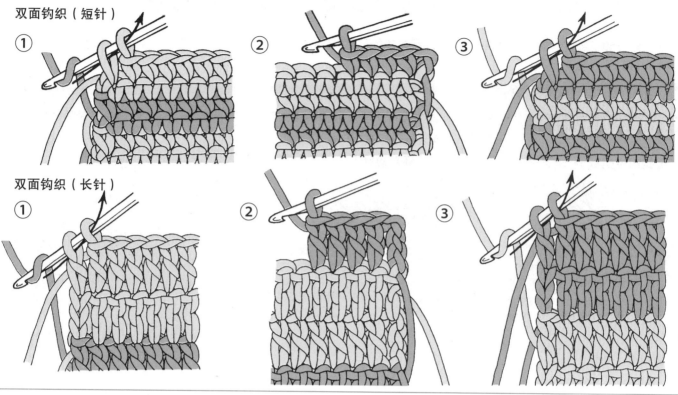

双面钩织（短针）

① ② ③

双面钩织（长针）

① ② ③

● 在织片中间换线的方法

线头无需打结直接换线 行间换线时，在钩织完成换线前最后的针脚线圈时，用新线引拔钩织，然后再继续钩织。

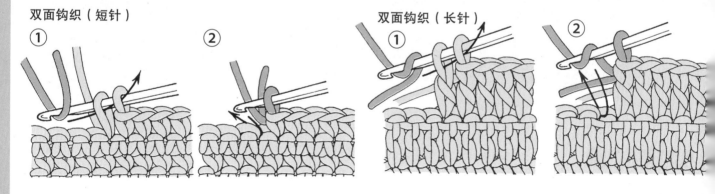

双面钩织（短针）

① ②

双面钩织（长针）

① ②

线头打结后换线

新接入的编织线头打结，在钩织完成换线前最后的针脚线圈时，用新线引拔钩织，然后再继续钩织。

双面钩织（短针）   双面钩织（长针）

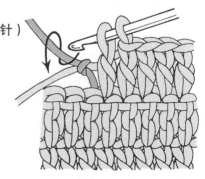

嵌入花样的钩织方法

在短针和长针等简单织片中，用配色线织入花样的技法。

● 在外侧渡线钩织的方法

用锁针换线的方法

之前钩织的编织线无需剪断，接入新线后继续钩织。停下的线置于内侧。再次用刚停下的线钩织时，根据穿引的针脚长度渡线。

锁针起针

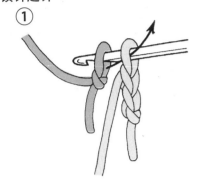
①

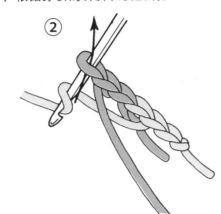
②

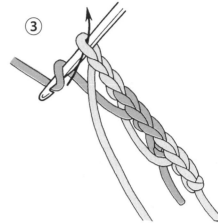
③

在织片反面渡线的方法

看着织片正面钩织时，将暂时停下的线置于外侧（织片的反面），而看着反面钩织时，将线置于内侧。渡线根据针脚的宽度穿引，避免打结。

织片的正面（短针）

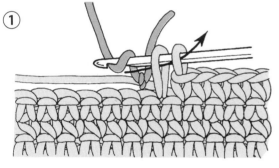
①

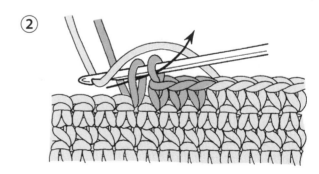
②

织片的反面（短针）

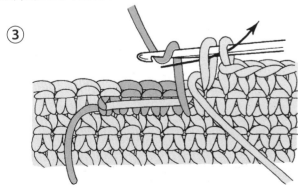
③

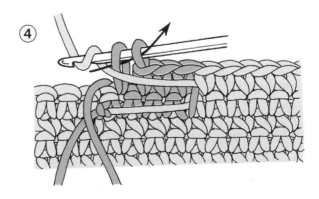
④

● 将渡线藏在织片中钩织的方法

从织片外侧看不到渡线，将其包到针脚中钩织的方法。

分为两种：一种是将之前停下的线放在同一行中包住钩织；另一种则是将上一行的渡线包住钩织。

在同一行中包住钩织 短针

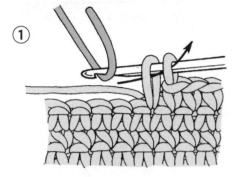

①

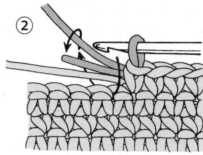

②

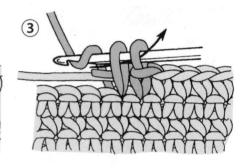

③

将上一行的线包住钩织 长针

①

②

③

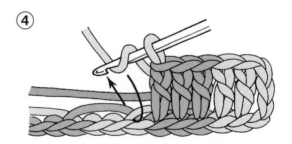

④

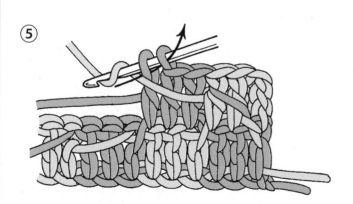

⑤

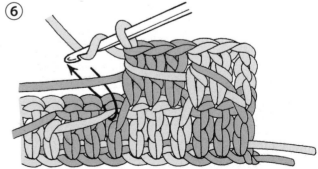

⑥

● 交叉线钩织的方法

在织片的反面将钩织的线和暂时停下线交叉，之后再继续钩织。每次换线时都需要交叉，因此需要交换几次就会出现相应数目的线团。此方法适合无需渡线的纵向条纹花样，织片工整漂亮。

纵向条纹花样

短针

①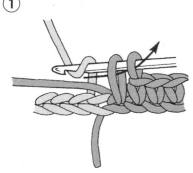

②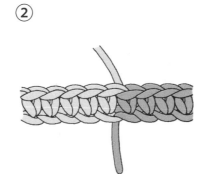

③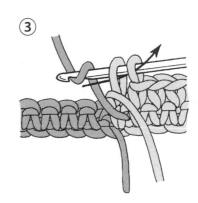

④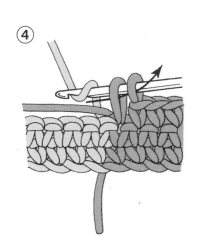

⑤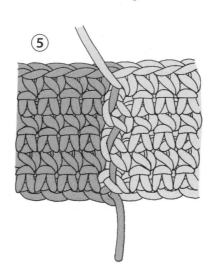

⑥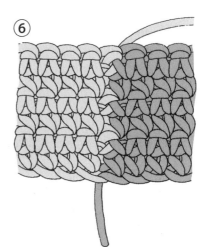

长针

①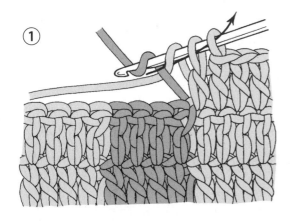

②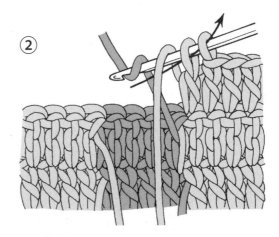

花样钩织

花样钩织是用同样的方法重复钩织单位花样，将几块花样拼接成作品的钩织方法。花样的形状包括圆形、三角形、四边形、六角形、八角形等。即便是同样的花样，如果排列方法不同，作品呈现的效果也各异。花样的钩织方法通常都是从中心向外侧扩展，从一边开始钩织，沿边角继续推进。

● 钩织方法要点

钩织起点位于中心、呈放射状的花样时，需要注意避免外围的编织线相互缠绕。圆形花样沿各行的圆周钩织，三角形、四边形、六角形等具有边角的形状则是在边角进行加针，偶尔还需要放置在平稳的地方，确认外围形状没有变形。尤其是在花样拼接时，边角集中的地方需要织入锁针调节，避免相互缠绕。

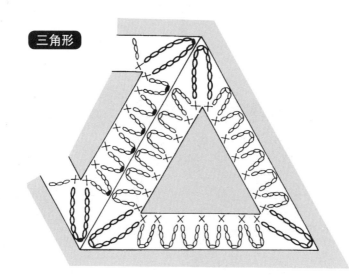

三角形

四边形

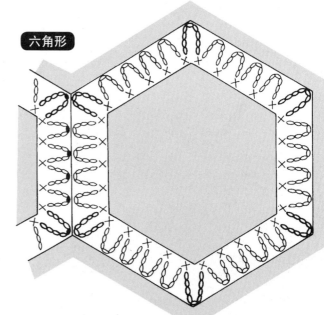

六角形

● 花样的排列方法

花样拼接时的配置方法可以让花样与花样留出空隙，也可以完全无缝隙相连。配置的效果由想法决定，也许完成后看起来是另一个花样，或者是加入缝隙的全新花样。即便是同一花样，依照配置方法可呈现出迥异的效果，充满乐趣。接下来，我们需要掌握9种基本的花样排列方法。

四边形相接排列

纵横向无缝隙排列。完成后周围构成正方形，或长方形。

四边形倾斜排列

边与边对齐，但花样相互错开。完成后呈周围山峦起伏状的正方形，或长方形。

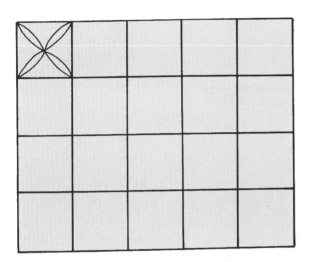

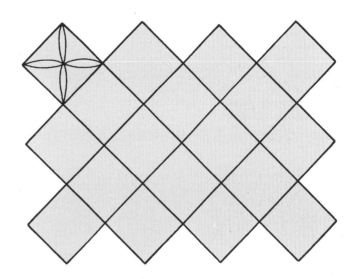

六角形相接排列

分别将每边对齐，无缝隙排列。纵横向排列呈长方形，沿四周排列则呈六角形。

六角形边角对齐排列

分别将边角对齐排列。花样与花样之间出现正三角形状的缝隙。完成后呈长方形或六角形。

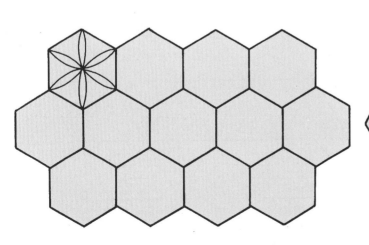

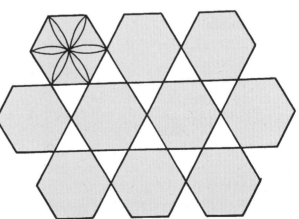

八角形相接排列

每隔一边对齐排列。花样之间形成正方形的缝隙。完成后呈正方形或长方形。

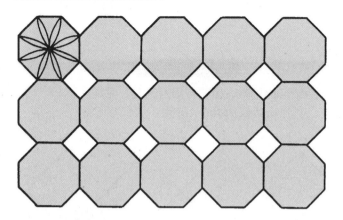

八角形的边角对齐排列

分别将边角对齐排列。花样之间形成十字星的缝隙。完成后呈正方形或长方形。

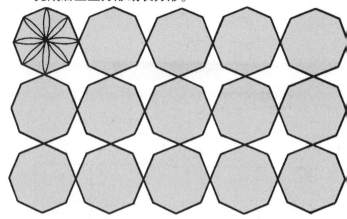

圆形纵横向垂直排列

花样之间形成尖角四边形缝隙。完成后呈正方形和长方形。

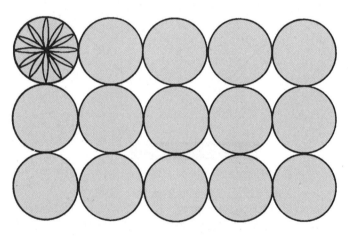

圆形交替排列

花样之间形成三角形缝隙。

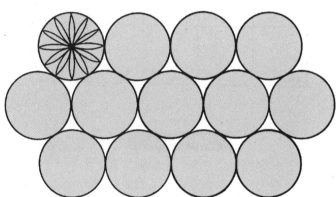

三角形相接排列

应用四边形和六边形的排列方法，将各边对齐。完成后呈长方形或六边形。

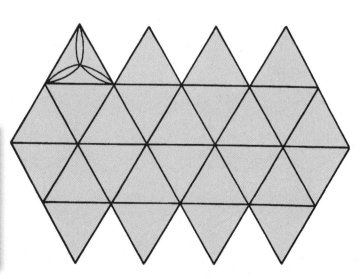

重点提示

此处介绍的均为一般常用的排列方法。花样之间的小缝隙虽然能突显花样形状，但对于较大的作品来说，存在不稳定的因素，因此需要用小一些的花样把缝隙填满。

● 花样的拼接方法

拼接方法包括以下两种：一种是边钩织花样，边在最后一行拼接的方法。另一种是先钩织完成花样再拼接的方法。拼接的技法多种多样，根据花样选择适合的方法拼接。缝隙太大时，可以参考 P.102 缝隙的填满方法处理。

● 钩织花样最终行时进行拼接的方法

用引拔针拼接（A） 从针脚中取出钩针，将另一块花样的锁针分开后插入钩针，继续钩织。
网状花样与小链针花样拼接时常用的方法，拼接处的针脚工整漂亮。

①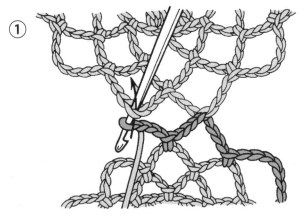

②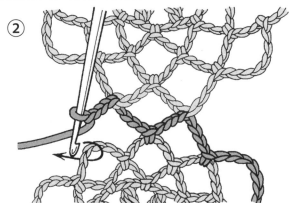

用引拔针拼接（B） 从针脚中取出钩针，从另一块花样的正面插入，再从中引拔抽出，继续钩织。
此方法也运用在短针和长针中。

①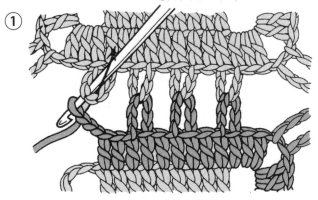

②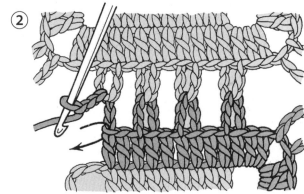

用短针钩织 从另一块需要拼接的花样反面插入钩针，织入短针。
网状花样与小链针花样拼接时常用的方法。

①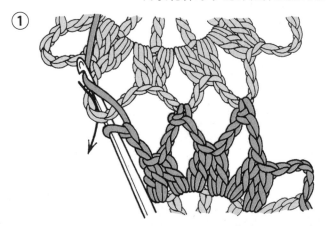

②

用长针拼接　从另一块需要拼接的花样反面插入钩针，织入长针。
需要在花样间保持一定距离时使用此方法。

①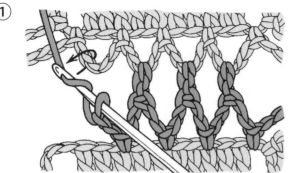

②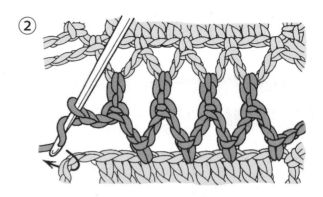

● 先钩织完成花样再拼接的方法

用引拔针拼接（A）　从花样的正面插入钩针，针上挂线后按照箭头所示从下方引拔抽出。

①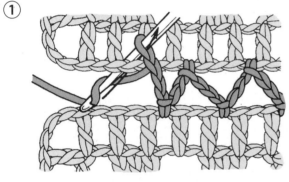

②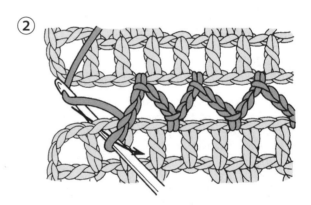

用引拔针拼接（B）　拼接时从针脚中取出钩针，再从另一块花样的正面插入钩针，注意针脚不要弯扭，插入钩针后从正面引拔抽出钩织。

①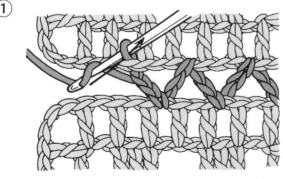

②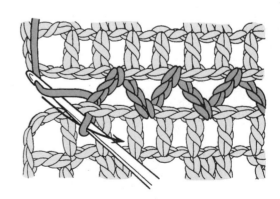

用短针拼接 从反面将钩针插入外侧花样中，然后再从正面插入内侧的花样中，分别织入短针。

①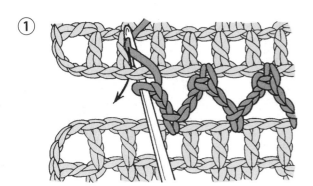

②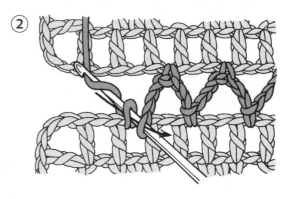

用长针拼接 从反面将钩针插入外侧的花样中，然后再从正面插入内侧的花样中，分别织入长针。长针之间用不同的锁针束调节长针的间隔。

①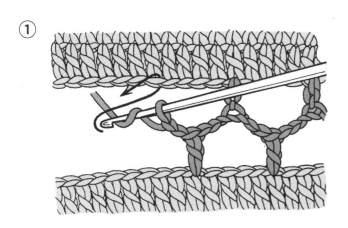

②

用长针2针并1针拼接 从内侧花样的正面插入钩针，织入未完成的长针，或是如同钩织长针一样在针上挂线，然后从外侧织片的反面插入钩针，织入未完成的长针。接着再次在针上挂线，引拔穿过针上所有的线圈。

①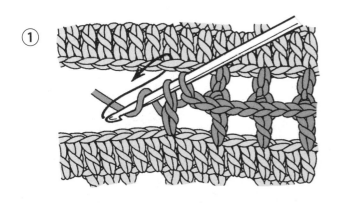

②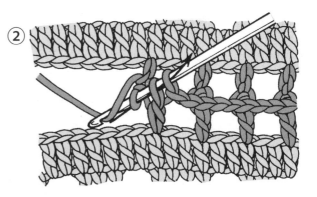

● 缝隙的填满方法　如果拼接花样间的缝隙太大，作品便不稳定。可以用锁针或长针将缝隙填满，让作品形状更固定。

从中心向花样侧钩织短针、锁针、引拔针填满

从中心向花样侧钩织短针和锁针填满

从花样侧向中心钩织短针、锁针、反 Y 字针填满

从花样向中心钩织长长针填满

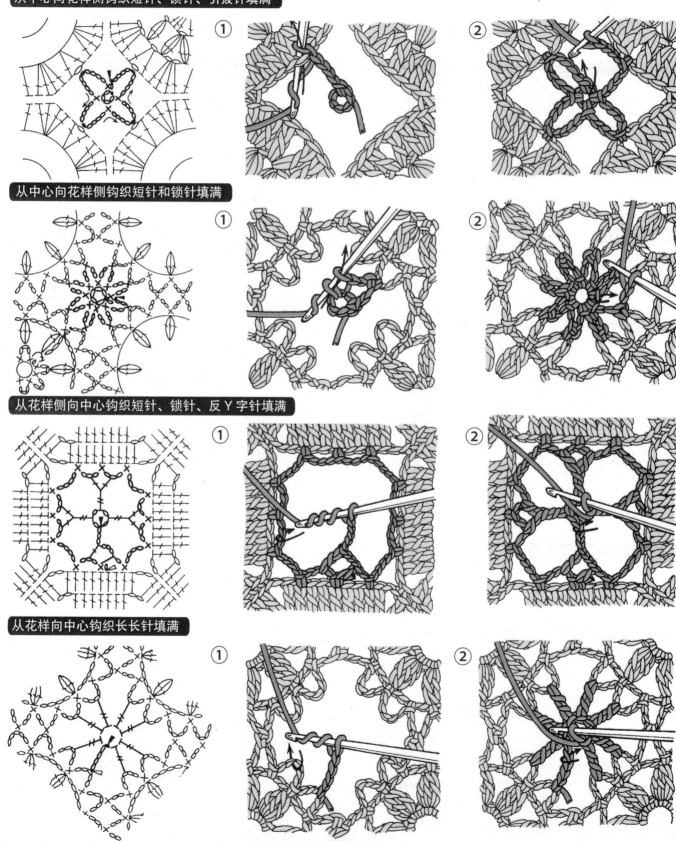

纽扣眼和纽扣圈

纽扣部分需用到的纽扣眼和纽扣圈是作品制作中非常重要的技法。纽扣眼可以在织片相应的位置留出，纽扣圈则需要拼接完成，在织片的顶端制作即可。

● 纽扣眼

在织片中制作纽扣眼，相对于织片呈平行状态，因此在钩织衣身时就可以制作出横向的扣眼。如从前端开始挑针钩织前襟，形成的就是纵向的扣眼。

在短针织片中留出纽扣眼

在纽扣眼的位置钩织锁针，跳过上一行的针脚，再继续钩织。钩织下一行时，跳过多少针就织入相应针数的短针。

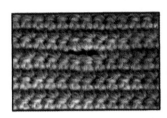

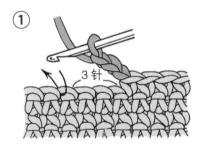

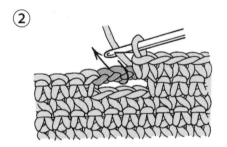

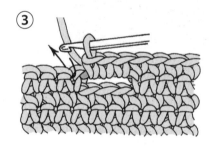

在长针织片中留出纽扣眼

钩织至纽扣圈完成前 1 针时,接入其他线,按相同的针数(在上一行暂休的针数)织入锁针，然后再停下钩织前的 1 针处织入引拔针，收紧后剪断线。接着用之前停下的线在用其他线钩织拼接的针脚中织入长针，之后将锁针的里山挑起，织入与上一行暂停的针数相同的长针。织入引拔针的针脚也再次织入长针，完成后继续钩织。

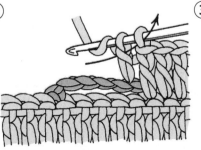

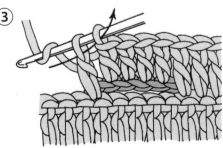

● 纽扣圈

在织片顶端制作纽扣线圈。根据不同的制作方法，线圈的大小各异，选择适合纽扣的大小和设计。

短针的线圈

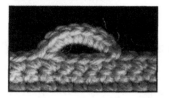

在线圈位置钩织锁针，从针脚中抽出钩针。根据纽扣的大小将钩针插入后面的针脚中，再引拔钩织刚抽出钩针的针脚。将锁针成束挑起，织入短针。织入的短针比锁针的数量多1针或2针。

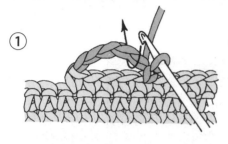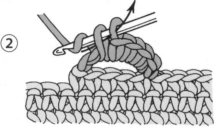

引拔针的线圈

在线圈位置钩织锁针，从针脚中抽出钩针。根据纽扣的大小将钩针插入后面的针脚中，再引拔钩织刚抽出钩针的针脚。接着将锁针的里山挑起，织入引拔针。

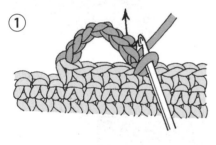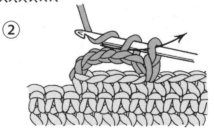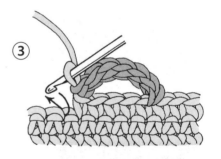

扣眼针迹的线圈

把制作线圈的编织线穿入缝纫针中，先渡线制作出纽扣线圈芯。然后将两根芯线挑起，缝出扣眼针迹。扣眼针迹需将整个芯线覆盖住，严实紧密。

线绳的制作方法

用于腰带和装饰绳带中，几根编织线整理好后制作出粗线绳。风格各异的材质，呈现出时尚个性的线绳。还可根据技法进行多种配色。

引拔针线绳

钩织短针，比线绳的长度长 10%。然后将锁针的里山挑起，注意避免针脚相互缠绕，织入引拔针。

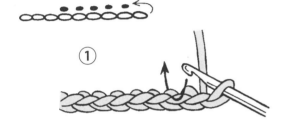

虾形线绳

钩织 1 针锁针，将钩针插入下方的结头针脚中，织入短针。织片往左转动，翻到反面。按照图④的方法，将钩针插入短针的尾针中，织入短针。另外，织片向左翻转，按照图⑧的方法，插入钩针，钩织短针。重复步骤④～⑦。

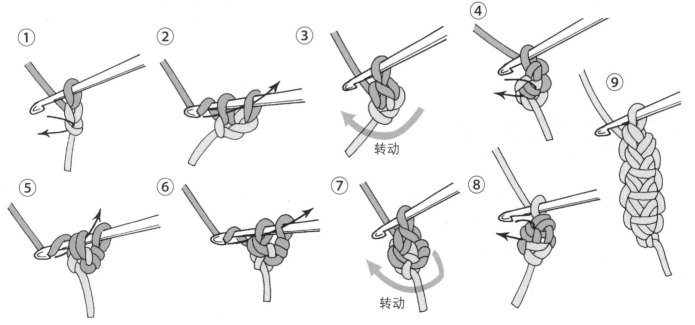

双重锁针线绳

钩织 1 针锁针，将锁针的里山挑起后引拔抽出线。从引拔抽出的线圈中取出钩针，再在针上的线圈中钩织锁针。引拔抽出后将钩针插入刚才的线圈中，接着继续抽出线。注意左右的锁针要保持平衡。

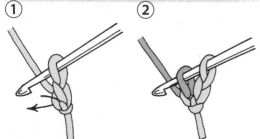
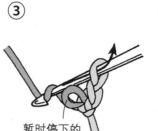

① ② ③

暂时停下的

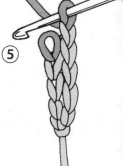

④ ⑤

刚才停下的线圈

变化的双重锁针线绳

按照起针的方法将编织线缠到钩针上，然后再将其他线挂在针上，按照箭头所示引拔抽出。接着再从外侧将其他线挑起，挂上编织线，按照③的箭头所示引拔抽出。重复④、步骤⑤。

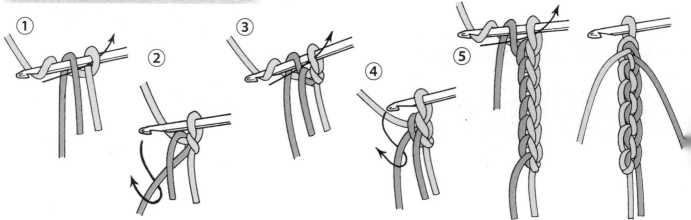

① ② ③ ④ ⑤

四组线绳

将四根线两两交叉组合后制作而成。组合方法因配色方式而变化，因此沿同一方向组合即可。编织线的长度约为成品尺寸长度的 1.4 倍。

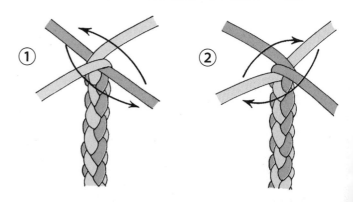

① ②

TITLE:［S3686 わかりやすいかぎ針編み基礎テクニック］

BY:［ブティック社編集部］

Copyright © BOUTIQUE-SHA, INC. 2014

Original Japanese language edition published by BOUTIQUE-SHA

本书由日本靓丽出版社授权北京书中缘图书有限公司出品并由河北科学技术出版社在中国范围内独家出版本书中文简体字版本。

著作权合同登记号：冀图登字 03-2015-010

图书在版编目（CIP）数据

从零开始学钩针 / 日本靓丽出版社编著；何凝一译 . —— 石家庄：河北科学技术出版社，2015.8（2020.9 重印）

ISBN 978-7-5375-6625-4

Ⅰ . ①从… Ⅱ . ①日… ②何… Ⅲ . ①钩针 – 绒线 – 编织 – 图集 Ⅳ . ① TS935.521-64

中国版本图书馆 CIP 数据核字 (2015) 第 027741 号

从零开始学钩针

日本靓丽出版社　编著　　何凝一　译

策划制作：北京书锦缘咨询有限公司（www.booklink.com.cn）

总 策 划：陈　庆

策　　划：邵嘉瑜

责任编辑：杜小莉

设计制作：王　青

出版发行　河北科学技术出版社

地　　址　石家庄市友谊北大街 330 号（邮编：050061）

印　　刷　天津市蓟县宏图印务有限公司

经　　销　全国新华书店

成品尺寸　210mm × 260mm

印　　张　7

字　　数　40 千字

版　　次　2015 年 8 月第 1 版
　　　　　　2020 年 9 月第 7 次印刷

定　　价　28.00 元

定价：29.80元

定价：29.80元

定价：29.80元

定价：29.80元

定价：32.00元

定价：29.80元

定价：28.00元

定价：29.80元

定价：28.00元

定价：29.80元

定价：29.80元

定价：29.80元

定价：48.00元

定价：38.00元

定价：29.80元

定价：32.00元

定价：32.00元

定价：38.00元